植物生理原理
及其应用技术研究

王贞超　郝晓华　著

吉林科学技术出版社

图书在版编目（ＣＩＰ）数据

植物生理原理及其应用技术研究 / 王贞超，郝晓华
著. -- 长春 : 吉林科学技术出版社，2022.12
ISBN 978-7-5744-0133-4

Ⅰ. ①植… Ⅱ. ①王… ②郝… Ⅲ. ①植物生理学—
研究 Ⅳ. ①Q945

中国版本图书馆CIP数据核字(2022)第246636号

植物生理原理及其应用技术研究

著	王贞超　郝晓华
出 版 人	宛　霞
责任编辑	汪雪君
封面设计	王　哲
制　版	北京星月纬图文化传播有限责任公司
幅面尺寸	170mm×240mm
开　本	16
字　数	240 千字
印　张	14.25
印　数	1–1500 册
版　次	2023年8月第1版
印　次	2023年8月第1次印刷

出　版	吉林科学技术出版社
发　行	吉林科学技术出版社
地　址	长春市南关区福祉大路5788号出版大厦A座
邮　编	130118

发行部电话/传真　0431-81629529　81629530　81629531
　　　　　　　　　　81629532　81629533　81629534
储运部电话　0431-86059116
编辑部电话　0431-81629510

印　刷	廊坊市印艺阁数字科技有限公司

书　号	ISBN 978-7-5744-0133-4
定　价	80.00 元

作者简介

王贞超，女，汉族，1986年2月出生，籍贯为山东济宁。现就职于贵州大学，教授职称，任博士生／硕士生导师。毕业于贵州大学农药学专业，博士研究生学历，主要研究方向为化学生物学、微生物及细胞生物学、中草药源杂环先导化合物创制及其作用机制。芝加哥大学访问学者、伊利诺伊理工大学访问学者、教育部中西部高校青年骨干教师北京大学高级访问学者、贵州省"科技拔尖""千层次创新"人才、贵州省高新技术企业认定专家、山东省博兴县科技镇长团成员（挂职2年）、贵州省工信厅科技副总、贵州大学学术骨干，担任 Bioenergy and Biofuel、Frontiers in Agronomy 等多本期刊 Review Editor。主持完成国家基金2项、省部级重点项目1项、省部级一般项目3项、地厅级项目5项，作为第一作者或者通讯作者发表SCI文章30余篇，申请国家发明专利10项（授权6项）。

　　郝晓华，女，汉族，1985年6月出生，籍贯为山西忻州。现就职于忻州师范学院，讲师职称。毕业于南开大学遗传学专业，硕士研究生学历，主要研究方向为植物逆境生理、天然产物提取及利用、植物病理（生防菌筛选和应用）。主持山西省教育厅项目1项，参与山西省科技厅项目1项（排名前三），指导本科大学生创新项目1项，先后在《山东农业大学学报（自然科学版）》《中国饲料》《太原师范学院学报（自然科学版）》等中文核心和省级刊物上发表学术论文10余篇。

作 者 简 介

前　言

在自然界中，植物的种类繁多，目前已经发现的植物就有 50 万种之多。它们包括藻类、菌类、地衣、苔藓、蕨类和种子植物等。植物在地球上的分布极为广泛，陆地、海洋、湖泊、高山、沙漠，甚至严寒的北极都有植物生长着。由于植物在人类生活中有着特殊重要性，所以自古以来，人们就不断地观察、研究和利用植物。在人们长期的生产实践和科学研究中，不断地积累了丰富的植物知识，因此也逐渐形成了植物学科。随着生产力的发展和各个学科的互相渗透，目前植物学已发展成许多分科，其中主要有植物形态解剖学、植物分类学和植物生理学等。

植物生理学（plantphysiology）是研究植物生命活动规律及其与环境相互关系的科学，是现代农业的理论基础。它以学习和研究构成植物的各部分乃至整体的功能及其调控机理为主要内容，通过了解其功能实现过程与调控机理来不断深入地阐明植物生命活动的规律和本质。植物生理学是理论性和实践性均很强的学科，它的发展与实验技术和手段的进步密不可分。

本书围绕植物生理原理及其应用技术展开研究，首先论述植物细胞和组织基础、植物的生长发育及其生理；其次分析植物的水分生理与合理灌溉应用、植物的矿质营养与合理施肥应用、植物的光合作用与作物生产应用、植物的呼吸作用与生产实践应用、植物的逆境生理与环境保护应用；最后探讨利用植物生理原理的创新应用技术。本书内容逻辑清晰，条理分明，观点新颖独到，创新性强，对研究植物生理原理及其应用技术的工作者具有参考价值，并且具有一定的出版意义。

本书由王贞超、郝晓华撰写，具体分工如下：

第一章、第三章、第四章、第五章：王贞超（贵州大学），共计约 13 万字；

第二章、第六章、第七章、第八章：郝晓华（忻州师范学院），共计约 11 万字。

本书在撰写过程中，得到了学校领导的大力支持，并参考、引用了书后参考文献中的多幅插图和部分内容，在此一并表示衷心感谢！

本书难免存在不足之处，敬请使用本书的读者批评指正，并提出修改意见，以便再版时进一步修改完善。

著者

2022 年 12 月

目　录

第一章　植物细胞和组织基础

细胞是能独立生存的生物有机体形态结构和生命活动的基本单位。

虽然自然界中生物种类繁多，在形态、大小、生活习性等方面差异很大，但它们都是由细胞构成的。不论是单细胞构成的生物，或者是由多个细胞构成的生物，其生命活动都是在细胞内部完成的，如果细胞的完整性受到破坏，那么该细胞的生命活动就无法进行。病毒、类病毒属于非细胞结构的生物，它们是不能独立生存的，必须寄生到其他生物体内才能生存。

由多细胞构成的生物体，其细胞一般都能在生长和分化的基础上形成各种不同类型的组织，共同完成个体的各种生命活动。

第一节　植物细胞的形态与结构

一、植物细胞的形态

一般的植物细胞很小，直径在 $10 \sim 100\mu m$ 之间，需借助显微镜才能看到。植物细胞的形态多样，在植物体内，不同部位的细胞大小差异很大。如顶端分生组织的细胞较小，而具贮藏功能的果肉细胞较大，如成熟的西瓜（Citrullus lanatus）果实和番茄（Lycopersicon esculentum）果实的果肉细胞用放大镜就可看到，其直径约为100mm。在植物体中起支持作用的纤维细胞形状细长，如在苎麻属（Boehmeria）中，纤维细胞可长达550mm。常见的有圆球形、多面体、纺锤形、管状、长柱形、不规则形等，如图1-1所示。细胞的形状和大小，主要取决于它们的遗传性、在生理上所担负的功能及对环境的适应，并且伴随着细胞的长大和分化，常常相应地发生一定程度的改变。然而，所有生活植物细胞的基本结构是相似的，均由细胞壁、原生质体和后含物组成。不过，与动物细胞相比，为了适应生存，植物细胞的细胞膜外具有了细胞壁；原生质体中有了质体和大液泡，这些特有的结构正是植物与动物具有不同生命活动方式的结构基础。

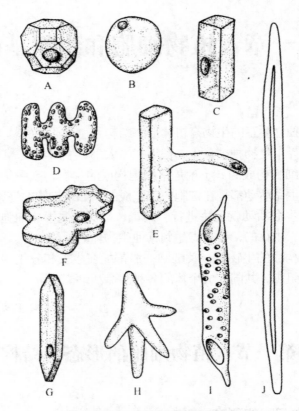

图 1-1　种子植物各种形状的细胞

A. 十四面体的细胞 B. 球形的果肉细胞；C. 长方形的木薄壁细胞；D. 波状的小麦叶肉细胞；E. 根毛细胞；F. 扁平的表皮细胞；G. 纺锤形细胞；H. 星状细胞；I. 管状的导管分子；J. 细长的纤维

二、植物细胞的结构

虽然植物细胞在形态上千差万别，但其基本结构却是一致的，通常真核细胞的基本结构可分为细胞壁（cell wall）和原生质体（protoplast）两大部分，并与动物细胞有着显著的差异。细胞壁是植物细胞无生命的组成部分；而原生质体是细胞壁内部有生命的组成部分，又可以进一步分为细胞膜（cell membrane）、细胞质（cytoplasm）和细胞核（nucleus）3 部分。植物细胞中还常有一些贮藏物质或代谢产物，称后含物（ergastic substance）。

（一）细胞壁

细胞壁是植物细胞的天然屏障，能支持和保护其中的原生质体，在抵御病原菌入侵上有积极作用。当病原菌侵染时，寄主植物细胞壁内产生一系列抗性反应，如引起植物细胞壁中伸展蛋白积累和木质化、栓质化程度提高，从而抵御病原微生物侵入和扩散；细胞壁还能限制原生质体产生膨压，使细胞维持一定形状；细胞壁具有很高的硬度和机械强度，使细胞对外界机械伤害有较高抵抗力。过去认为细胞壁是原生质体分泌的无生命结构，后来发现细胞壁中还含有许多具有生理活性的蛋白质，在植物体的吸收、分泌、蒸腾、运输、细胞生长调控、细胞识别等过程中有一定作用。因此，细胞壁并不只是非生活的排出物，而是与原生质体之间存在着有机联系。

细胞壁形成了植物体的质外体空间，植物体的许多运输过程都是在其中进行的。由特化细胞壁形成的导管在水分和矿质运输中起着不可替代的作用。某些特殊的细胞运动也和细胞壁有关，如植物气孔保卫细胞的变形运动就与保卫细胞细胞壁不均匀加厚有关。

1. 细胞壁的化学成分

细胞壁的主要成分是多糖和蛋白质，前者包括纤维素（cellulose）、果胶质（pectin）和半纤维素（hemicellulose）等；后者如结构蛋白、酶和凝集素等，还有木质素等酚类化合物、脂类化合物（角质、栓质、蜡）和矿物质（草酸钙、碳酸钙、硅的氧化物）等。细胞壁的化学成分随植物种类和细胞类型差别而不同，也因细胞的发育和分化存在差异。

（1）纤维素。

纤维素是由多个葡萄糖分子脱水缩合形成的长链。纤维素分子以伸展形式存在，数条平行排列的纤维素分子形成分子团，多个分子团再形成微纤丝（microfibril）。大约 30 ~ 100 个纤维素分子平行排列组成直径约为 10 nm 的微纤丝。许多微纤丝进一步结合，成为光学显微镜下可见的大纤（macrofibril）。平行排列的纤维素链之间和链内均有大量的氢键，纤维素的这种排列方式使之具有晶体性质，有高度的稳定性和抗化学降解的能力。

（2）半纤维素。

半纤维素是存在于纤维素分子间的一类基质多糖，它的种类很多（木葡聚糖、混合键葡聚糖、木聚糖、阿拉伯木聚糖、甘露聚糖、胼胝质等），其成分与含量随材质种类和细胞类型不同而异。其中胼胝质是 $\beta-1$，$3-$ 葡聚糖的俗名，广泛存在于植物界，花粉管、筛板、柱头、胞间连丝、棉花纤维次生壁等处都有胼胝质，它是一些细胞壁中的正常成分，也常是一种伤害反应的产物，植物受到机械损伤后，筛孔即被胼胝质堵塞。花粉萌发和生长中形成胼胝质往往是不亲和反应的产物。

（3）植物凝集素

植物凝集素（leetins）是一类存在于细胞壁中能与多糖结合或使细胞凝集的蛋白，已发现 100 多种，多数为糖蛋白。植物凝集素的糖结合活性是针对外源寡糖而发生的，可识别并结合入侵者的糖结构域，从而干扰该入侵者对植物产生的可能影响，主要参与植物的防御反应。各种凝集素在化学组成上有较大差别，但它们对糖基结合都具有专一性，即具备配体与受体专一结合的特性，构成了植物防御反应的基础。

（4）木质素。

木质素（lignin）不是多糖类，而是由苯基丙烷衍生物单体构成的聚合物。木质素是植物细胞壁的一种结构成分，特别是在木本植物成熟的木质部中，其含量可达 18%~38%，主要分布在纤维、导管和管胞中。木质素化次生壁的出现为植物垂直于地面向上生长、在陆地上成群出现提供了必需的结构支持。诸如苔类和藓类等苔藓植物正是因缺乏木质素化的细胞壁而不能生长至高出地面几厘米。

（5）蛋白质。

细胞壁内的蛋白质约占细胞壁干重的 5% ~ 10%，如酶蛋白和结构蛋白等，它们是在细胞质中合成后转运到细胞壁中的。酶和细胞壁大分子的合成、转移及水解有关，并且参与某些胞外物质的代谢，以便使它们转移到胞内。

细胞壁中的酶有水解酶（蔗糖酶、葡聚糖酶、果胶甲基酯酶、ATP 酶、DNA 酶、RNA 酶等）和氧化酶（抗坏血酸氧化酶、漆酶等）等。

细胞壁，尤其是初生壁，含有结构蛋白质，如富含羟脯氨酸的伸展蛋白（extensin），它在细胞壁中交联纤维素的网络，起到控制纤维素微纤丝的滑动，增加细胞壁的强度和刚性、控制细胞壁的伸展、调节植物形态建成等作用。伸展蛋白结合到其他细胞壁多聚物上，使细胞壁具有一定的韧性。在植物发育、机械损伤、真菌感染、植物抗毒素诱导剂处理及热处理时，都能引起细胞壁中伸展蛋白的反应，而这与植物的防御和抗病、抗逆等功能有关。

2. 细胞壁的发生与分层

植物细胞在生长发育过程的不同阶段，因原生质体在新陈代谢过程上的时空有序性,所形成的壁物质在种类、数量、比例及物理组成上具有明显差异,使细胞壁有了成层现象(lamellation)。对大多数植物细胞而言,在显微水平上,一般可区分出胞间层、初生壁和次生壁三层。

（1）初生壁（primary wall）。

初生壁是在细胞生长过程中和停止生长前所形成的壁层,由相邻细胞分别在胞间层两面沉积壁物质而成,是新细胞上产生的第一层真正的细胞壁。在许多类型的细胞中,它是仅有的壁层。在生理上分化成熟后仍有生活原生质体的成熟组织细胞（木射线及木薄壁细胞除外）,一般都只有初生壁而无次生壁。初生壁一般较薄,厚度为 $1 \sim 3\mu m$,但也有均匀或局部增厚情况,前者如柿胚乳细胞,后者如厚角组织细胞。初生壁的主要组分为纤维素、半纤维素、果胶质、糖蛋白等。这些成分交联在一起,形成了一种以纤维素为构架物的网络状结构。果胶质使得细胞壁有延展性和韧性,使细胞壁能随细胞生长而扩大。当细胞体积增长超过一定限度后,其初生壁则以填充生长方式进行面积增加。在生长激素和酶等物质的作用下,原有的微纤丝网扩张,出现的空隙被新壁物质所填充,面积得以扩大。分裂活动旺盛的细胞,进行光合、呼吸作用的细胞和分泌细胞等都仅有初生壁。当细胞停止生长后,有些细胞的细胞壁就停留在初生壁阶段不再加厚。通常初生壁生长时并不是均匀增厚,其上常有初生纹孔场。

（2）次生壁（secondary wall）。

次生壁是指在细胞体积停止增长、初生壁不再扩大,在初生壁内表面继续发生增厚生长而形成的新壁层。次生壁厚 $5 \sim 10\mu m$。在植物体中,只是那些在生理上分化成熟后、原生质体消失的细胞,才能在分化过程中产生次生壁,如纤维细胞、导管、管胞等b次生壁通常分三层,即内层（S3）、中层（S2）和外层（S1）,各层纤维素微纤丝排列方向不同,这种成层叠加的结构使细胞壁强度增大。这些分层中的中间层通常最厚。次生壁中还含有半纤维素的基质和极少量果胶质,比初生壁更坚韧,几乎没有延伸性。某些细胞的次生壁还添加有木质素,壁更坚硬;有些细胞的表面会添加角质、栓质、蜡质等复饰物,加强壁的保护功能。

（3）胞间层（intercellular layer）。

胞间层又称中层（middle layer）,位于细胞壁最外层,是相邻细胞共有的层次。它的主要化学成分是果胶质,能使相邻细胞粘连在一起。柔软的果胶质具有可塑性和延伸性,可缓冲细胞受到的压力,又不阻碍细胞体积扩大。胞间层在一些酶（如果胶酶）、酸或碱的作用下会发生分解,使相邻细胞间出现一定空隙,称为胞间隙。西瓜、番茄、柿子等的果实成熟时变软,部分果肉细胞彼此分离，主要原因就是果胶质被果胶酶分解；一些真菌侵入植物体时也分泌果胶酶，以利于菌丝侵入。胞间层一般发生于细胞分裂末期，由积累在赤道板上的壁物质形成。

由于植物细胞在生理上具有不同的分工，细胞会在形态和结构上发生特化，其中就包括细胞壁的特化，以使其具有特定的功能。细胞壁的特化常见的有 5 种，即木化（lignification）、栓化（suberization）、角化（cutinization）、矿化（mineralization）和黏液化（胶化）。

木化是细胞在代谢过程中产生木质素填充到细胞壁中，以增强细胞壁的硬度，从而提高其机械支持力的一种变化过程。一般越是高大的植物，其细胞壁发生木化的细胞相对越多。

栓化是木栓质渗入细胞壁中而引起细胞壁失去透水和透气能力的一种变化过程。栓质化的细胞一般分布在植物老根、老茎的最外层。

角化是由角质浸透到细胞壁中而使细胞透水性变差的一种变化过程。角质化的细胞壁不易透水，有助于减少植物体的水分蒸腾，并防止机械损伤和微生物的侵害。角质化的细胞多分布于植物幼嫩及没有明显加粗变化的器官表面，如叶片、花、果实、幼茎等的表面均有一层角质膜覆盖，且不同植物、不同器官甚至同一器官不同部位的细胞壁角质化程度都不同。

矿化是矿质填充到细胞壁中而使细胞壁硬度增大的一种变化。矿质最常见的为钙或二氧化硅（SiO_2），矿化的细胞多见于茎叶的表皮，尤其是禾本科植物茎叶的表皮，发生矿化的细胞壁硬度增大，从而增加了对植物的机械支持和抗倒伏能力，并可保护植物免受病虫侵害。

黏液化是指细胞壁中的果胶质和纤维素变成黏液或树胶的一种变化，多见于果实、种子及根尖根冠细胞的表面。

3. 纹孔与胞间连丝

绝大多数植物体是由许多细胞组成的，细胞壁使各个细胞相对隔离，实现了细胞间的分工，并使各类细胞具有与功能相适应的特定的形态。植物体是一个有机的整体，这是靠细胞间的纹孔（pit）和胞间连丝（plasmodesma）等联络结构实现的。

（1）纹孔。

植物细胞壁的初生壁是不均匀增厚的，有一些非常薄的区域，称初生纹孔场（primary pit field），相邻细胞原生质体的胞间连丝往往集中在这一区域，以后产生次生壁时，初生纹孔场处往往不被次生壁所覆盖，形成纹孔。纹孔有利于细胞间的沟通和水分的运输。相邻细胞的纹孔常成对存在，称为纹孔对（pit pair）。纹孔具有一定的形状和结构，常见的有单纹孔（simple pit）和具缘纹孔（bordered pit）两种类型。

（2）胞间连丝。

胞间连丝使植物体中的细胞连成一个整体，所以植物体可分成两部分：通过胞间连丝联系在一起的原生质体，称共质体（symplast）；共质体以外的部分，称质外体（apoplast），包括细胞壁、细胞间隙和死细胞的细胞腔。胞向连丝可在细胞壁形成之后次生发生或被阻断，共质体网络不断重新构建，形成共质体的分区。这种区域化的共质体被认为是调控植物体生长发育进程的基本单位，在基因表达、细胞的生理生化过程、细胞的分裂和分化、形态发生、植物体的生长发育及植物对环境的反应等诸多方面起着重要作用。

（二）细胞膜

细胞膜（cell membrane）是包围在原生质体表面、紧贴细胞壁的一层薄膜结构。质膜很薄，只有 6~10nm，在光学显微镜下较难识别。当外界溶液浓度高于细胞液浓度时，细胞内水分向细胞外渗出，使原生质体失水而收缩，质膜与细胞壁发生分离，这种现象称为质壁分离（plasmolysis）。这时候就会观察到质膜是一层光滑的薄膜。

在电子显微镜下，用四氧化锇固定的细胞膜具有非常明显的"暗明暗"三条带的结构：两侧两条暗带，主要成分是蛋白质；中间夹一条明带，主要成分是脂类。一般把这三层结构构成的一层生物膜称为单位膜（unit membrane）。

20 世纪 70 年代，Jon Singer 和 Garth Nicolson 提出了膜结构的流动镶嵌模型（liquid-globular protein fluid mosaic model）（图 1-2）。这一模型能较好地解释膜的各种成分是如何组合装配并完成其功能的，至今仍得到广泛支持。

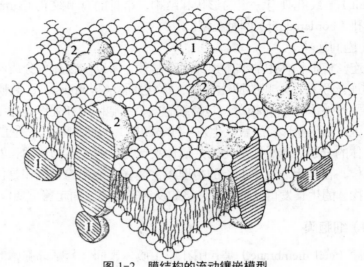

图 1-2 膜结构的流动镶嵌模型

1—外在蛋白质；2—内在蛋白质

该模型认为：①在磷脂双分子层中镶嵌着许多球状蛋白，它们有的结合在膜的内、外表面，有的横向贯穿于整个磷脂双分子层中，并且这种结构不是一成不变的，构成膜的磷脂和蛋白质均具有流动性，可以在同一平面上自由移动，使膜的结构处于不断变化的状态；②膜中的蛋白质大多是特异酶类，在一定条件下具有"识别""捕捉"和"释放"某些物质的能力；膜蛋白通过对物质的透过起主动的控制作用，从而可以使质膜表现出对不同物质具有不同的透过能力，即"选择透性"，控制细胞与外界环境的物质交换。这种特性使细胞能从周围环境中不断取得所需要的水分、无机盐和其他物质，阻止有害物质进入；同时，也把代谢废物排到细胞外，但又不使内部有用的成分流失，从而保证了细胞具有一个适宜而又相对稳定的内环境。这也是进行正常生命活动所必需的前提条件。

质膜在细胞生活中具有重要作用。质膜位于原生质体表面，是细胞内外边界，为细胞生命活动提供了相对稳定的内环境。它具有选择透性，能有选择地容许某些物质通过被动运输或主动运输等方式出入细胞，能控制细胞与外界环境之间物质交换以维持细胞内环境的相对稳定。许多质膜上还存在激素受体、抗原结合点及其他有关细胞识别的位点，所以，质膜在细胞识别、细胞间信号传递、新陈代谢调控等过程中具有重要作用。此外，质膜也参与了细胞壁及细胞表面特化结构的形成过程。

（三）细胞质

质膜以内，细胞核以外的原生质称为细胞质。活细胞中的细胞质在光学显微镜下呈均匀透明的胶体，并处于不断的流动状态。这种流动可促进营养物质的运输、气体的交换、细胞的生长和创伤的愈合等。细胞质主要包括胞基质和各种细胞器。

1. 胞基质

胞基质是细胞质中除细胞器以外呈均质、半透明的液态胶状物。胞基质的化学组成非常复杂，包括水、无机离子等一些小分子物质，各种代谢的中间产物如脂类、糖类、氨基酸、核苷酸和核苷酸衍生物等中分子类物质，以及蛋白质、多糖、RNA 等大分子物质。另外，构成细胞骨架的各种蛋白质成分和核糖体等均存在于胞基质中。胞基质是细胞重要的结构成分，其体积约占细胞质的一半。胞基质在细胞的物质代谢、维持细胞内环境的稳定性等方面具有重要的作用。

2. 细胞器

细胞器是细胞质内具有一定形态、结构和功能的微结构或微器官，包括具有双层膜结构的质体、线粒体，具有单层膜结构的内质网、高尔基体、液泡、溶酶体、圆球体和微体，无膜结构的核糖体、微管和微丝等。

（1）质体。

质体是与碳水化合物的合成与储藏密切相关的细胞器，是植物细胞特有的结构。在高等植物中，质体常呈圆盘形、卵圆形或不规则形，直径 5~8μm，厚约 1μm。质体外被双层单位膜，内为液体基质，基质中分布着发达程度不一的膜系统，称为片层。尚未分化完善的质体，称为前质体。其形状不规则，内部仅有少量片层和基质。前质体常存在于分生组织细胞中（根尖、茎尖幼嫩细胞），随着细胞的生长和分化，成为成熟质体。

根据所含色素和功能的不同，质体可分为 3 种类型：叶绿体、有色体、白色体。叶绿体是植物体进行光合作用的特殊细胞器。有色体又称"杂色体"，是仅含有叶黄素和胡萝卜素等色素的质体，颜色呈现黄色或橘红色。在高等植物的花瓣、果实和根等器官中表现出来。它的光合作用功能已处于不活动的状态，但能积累淀粉和脂类。白色体又称无色体，是不含色素、普遍存在于植物储藏细胞中的一类质体，有制造和储藏淀粉、蛋白质的功能。

（2）线粒体。

线粒体（mitochondria）是细胞呼吸和无机磷酸（Pi）合成 ATP（腺苷三

磷酸）的场所。线粒体是高度动态的结构，根据需要可在不同条件下进行分裂或融合，而线粒体融合的结果是形成较长、似管状的结构。但不论线粒体的形状如何，所有的线粒体都有一层外膜（outermembrane）和十层高度褶皱化的内膜（inner membrane）。其外膜平滑且通透性高，而内膜的通透性较低。内膜向内的皱褶突起称为嵴（cristae），大大增加了内膜的表面积。嵴上含有一种泵质子的 ATP 合酶，该酶能利用质子梯度为细胞合成 ATP；嵴上还嵌有重要功能的电子传递链。由内膜包被的区域是线粒体基质，含有 Krebs（三羧酸循环）的中间代谢途径酶类。基质中含有环状 DNA 分子，可指导线粒体部分蛋白质的合成；还含有核糖体，具有自己完整的蛋白质合成系统。线粒体中的蛋白质合成既可由自身 DNA 编码，还可由细胞核基因组 DNA 编码，所以线粒体是一个半自主性的细胞器。

（3）核糖体。

核糖体又称核糖核蛋白体、核蛋白体，是没有膜结构的细胞器，是合成蛋白质的场所。核蛋白体含有大约 40% 的蛋白质和 60% 的 RNA。核糖体大小为 170~230A，主要存在于胞基质中，在细胞核、内质网外表面及质体和线粒体的基质中也有分布，生长旺盛、代谢活跃的细胞内核糖体较多。

几个到几十个核糖体与信使 RNA 分子结合成念珠状的复合体，称为多聚核糖体。在真核细胞中，很多核糖体附着在内质网膜表面，形成糙面内质网，还有不少核糖体在细胞质里呈游离状态存在。核糖体是合成蛋白质的细胞器，按照 mRNA 的指令合成多肽链。

（4）内质网。

内质网是一种由单层膜围成的扁平囊、管、泡等交叉在一起的网状结构。内质网广泛分布在细胞质基质中，它增大了细胞内的膜面积，因膜上附着有许多酶，就为细胞内各种化学反应的进行提供了有利条件。同时内质网外连质膜，内连核膜，就为物质的运输提供了一个连续的通道。内质网还与蛋白质脂类、糖类的合成有关。[①]

（5）高尔基体。

高尔基体是由单层膜围成的扁平内凹的囊泡或槽库所组成的结构。直径1~3μm，边缘出现一些大小不等的穿孔，所有的囊泡重叠在一起。通常一个高尔基体有 5~8 个囊泡，从囊的边缘可以分离出许多小泡。

高尔基体整体常呈弧形，凸面称为形成面，凹面称为成熟面或分泌面，常位于近细胞表面处。在高尔基体附近的内质网不断形成一些直径为

---

① 贾东坡，冯林剑．植物与植物生理 [M]．重庆：重庆大学出版社，2015.

400~800A 的小泡，散布于高尔基体的形成面，内含粗糙内质网所含的蛋白质成分。小泡不断进入高尔基体，在形成面上形成新的扁囊；而高尔基体的分泌面不断由囊缘膨大形成直径为 0.1~0.5μm 的分泌泡，分泌泡形成后，带着生成的分泌物离开高尔基体。小泡的并入和大泡的分离，使高尔基体始终处于新陈代谢的动态变化之中。

（6）液泡。

液泡是植物细胞区别于动物细胞的显著特征之一。幼年的植物细胞中液泡较小，随着细胞的长大逐渐扩大合并，成熟的植物细胞中液泡往往存在一个大液泡，它几乎占据了细胞整个体积的 90% 以上的空间，细胞质和细胞核被挤压到细胞周边，从而使细胞质与环境间有了较大的接触面积，有利于细胞的新陈代谢。

液泡是由单层膜包被的细胞器。它外面的膜称为液泡膜，也具有选择透性，一般高于质膜。液胞内的液汁称为细胞液，其主要成分是水，并含有糖、有机酸、脂类、蛋白质、酶、氨基酸、单宁、黏液、植物碱、花青素和无机盐等物质。

（7）溶酶体。

溶酶体是细胞质内的一种球形细胞器。直径约 0.5μm，外有一层膜与细胞质分隔，是具有单层膜的细胞器，内部没有特殊结构，包含有多种水解酶，如酸性磷酸酶、核糖核酸酶、组织蛋白酶等。溶酶体是内质网分离出来的小泡形成的。

溶酶体在细胞内起消化作用，能降解生物大分子，进行异体吞噬（分解和消化从外界进入细胞内的物质）、自体吞噬（破坏和消化细胞自身的局部细胞质或某些细胞器），甚至发生自溶（分解和消化整个细胞）。

（8）圆球体。

圆球体为半单位膜包被，内部有细微的颗粒的球状小体，圆球体含有脂肪酶，是积累脂肪的场所，因而是一种储藏细胞器，可以储藏油滴、脂肪等。圆球体也具有溶酶体的性质。

（9）微体。

微体是具有单层膜的细胞器，通常呈球形或哑铃形，直径为 0.5~1.0μm，有稠密的基质，主要成分是蛋白质。微体可能来自内质网，由分离出来的小泡形成。

植物体内的微体分为以下两种类型：

一是过氧化物酶体。它存在于高等植物的叶肉细胞中，位置在叶绿体和线粒体附近，执行光呼吸的功能。

二是乙醛酸循环体。它存在于含油量高的种子中，如油料种子、大麦、小麦种子的糊粉层以及玉米的盾片细胞中。与脂肪代谢有关，能将脂肪分解成糖。

（10）微管和微丝。

植物细胞质中存在着骨架结构，称为细胞骨架。构成细胞骨架的三种结构是微管、微丝和中等纤维。它们和细胞质基质中更细微的纤维状蛋白系统，共同构成细胞的微梁系统。

微管通常分布于细胞质中靠近质膜的部位，呈中空管状或纤丝状结构，直径约25nm，微管在细胞质中的排列是平行的，彼此从不交叉或扭曲。

微丝是比微管更细的纤丝，是一种实心的管状结构，直径只有6~8nm，它在细胞质中交织成网状。

中等纤维比微管细，比微丝稍粗，直径为10nm。

微梁系统的功能是：在细胞中起支架作用，使细胞保持一定的形状；参与构成纺锤丝；参与细胞壁的形成和生长；与胞质运动和物质运输有关。

（四）细胞核

细胞核通常呈球形或椭圆形，包埋在细胞质内。低等植物的细胞核较小，其直径一般为 1 ~4 μm，高等植物的细胞核直径为 5 ~ 20 μm。一般植物细胞只含一个细胞核，但在某些真菌和藻类细胞中常含两个或数个核，部分种子植物胚乳细胞发育的早期有多个细胞核。在光学显微镜下可看到细胞核由核膜、核仁和核质三部分构成（图1-3），但细胞核的结构会随细胞分裂的不同时期而发生相应的变化。

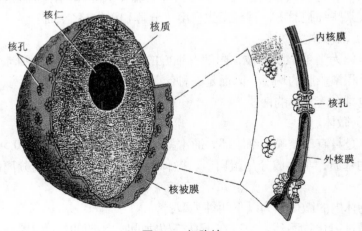

图 1-3　细胞核

1. 核被膜

核被膜（nuclear envelope）是细胞核的界膜，由内外两层平行的单位膜组成，包括核膜和核膜以内的核纤层两部分。核外膜面向细胞质，其外面附有核糖体。核内膜表面光滑，没有核糖体颗粒，但在核内膜与染色质之间，紧靠内膜一侧有一层网络状纤维蛋白质，为核纤层（nuclear lamina），它为核膜及染色质提供了结构支架，并介导核膜与染色质之间的相互作用。常可见外膜与内质网相通，膜与染色质紧密接触。两层膜之间的空隙为核周隙（perinuclear space），它与内质网腔是相连通的。核的内外膜在一些位点上融合形成环状开口，称为核孔（nuclear pore），其直径约 50 ~ 100nm。一般来说，动植物细胞每平方微米核膜约有 10 ~ 50 个核孔。核孔上有一些复杂结构，称核孔复合体（nuclear pore complex，NPC）。核孔是细胞核内外物质双向运输的亲水性通道，一般通过被动扩散和主动运输两种方式完成核的物质输入与输出。正在合成 DNA 的细胞核，每分钟每个核孔要有大约上百个组蛋白分子从核孔进入核内。在细胞核中形成的核糖体亚基也要通过核孔进入细胞质。核膜对大分子的出入是有选择性的。如 mRNA 分子前体在核内产生后，并不能通过核孔，只有经过加工成为 mRNA 后才能通过。大分子出入细胞核也是与核孔复合体上的受体蛋白有关。

2. 核仁

核仁为细胞核中折光性很强的球体。核仁的主要功能是合成核糖体 RNA。生活细胞中常含 1 个或几个核仁。

3. 核质

细胞核内核仁以外、核膜以内的物质称为核质，它包括染色质和核基质两部分。染色质是核质中易被碱性染料染成深色的物质，它主要由 DNA 和蛋白质构成，也含少量的 RNA。在光学显微镜下，常呈细丝状或交织成网状，也可随细胞分裂而缩短、变粗，成为棒状的染色体。

核基质为核内无明显结构的液体，染色后不着色，它为核内各结构提供一个液态的环境。由于细胞内的遗传物质（DNA）主要存在于细胞核内，因此细胞核的主要功能是储存和复制遗传物质，并通过控制蛋白质的合成来控制细胞的代谢和遗传。凡是无核的细胞，既不能生长也不能分裂，因此，细胞核是细胞遗传和代谢的控制中心。

第二节 植物细胞的繁殖

一、细胞周期

将连续分裂的细胞从第一次分裂结束开始生长，到第二次分裂结束所经历的过程（即一个间期加一个分裂期），称为一个细胞周期（cell cycle）。在恒定条件下，各种细胞的周期时间相对恒定。一个完整的细胞周期包括分裂间期（interphase）和分裂期（mitosis）两个阶段，具体如图1-4所示。

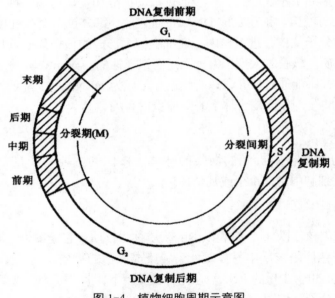

图1-4 植物细胞周期示意图

（一）分裂间期

分裂间期（interphase）是从前一次分裂结束到下一次分裂开始的一段时间，是细胞增殖的物质准备和积累阶段，为细胞分裂作准备。细胞在分裂间期中要进行一系列复杂代谢活动，如DNA复制、组蛋白合成、微管蛋白合成、能量准备等，但其形态结构并没有明显变化。

1953年，Howard等人用放射性的磷酸盐作为标记物，通过浸泡蚕豆实生苗使之体内带有放射性磷酸。然后，于不同的时间点取根尖做放射性自显影。结果发现在分裂间期的某一阶段遗传物质 DNA 发生复制，并将这一阶段称为 DNA 合成期。根据在不同时期合成的物质不同，可以把分裂间期划分为复制前期（gapl，简称 G_1）、复制期（synthesisphase，简称 S）、复制后期（gap2，简称 G_2）三个时期。

1. G_1 期

G_1 期出现在有丝分裂结束到复制期之前的时期。在 G_1 期，mRNA、rRNA、tRNA 开始转录，并合成大量的结构蛋白和酶蛋白以满足结构建成和细胞代谢活动的需要。各种与 DNA 复制有关的酶在 G_1 期明显增加，特别是 DNA 聚合酶活性急剧增高。线粒体、核糖体增多，内质网也在更新扩大，来自内质网的高尔基体、溶酶体等也都增加了数目。一些离子（如 K^+）和小分子营养物质通过膜进入细胞，组成质膜的蛋白质和磷脂也加速合成并不断补充到质膜上。这一时期细胞生理活动的主要特征是细胞体积的增大。

2. S 期

S 期是细胞核 DNA 的复制期。这个时期主要进行 DNA 的复制和组蛋白等染色体蛋白的合成。在细胞核中，DNA 的复制是以半保留方式进行的，即在复制起点上 DNA 双链间的氢键断裂，双链分开，每条单链都作为复制的模板，依照碱基配对的规律即"A—T，C—G"的方式合成与模板互补的另一条链。每一 DNA 分子上有多个复制起点，能形成多个"复制泡"，同时进行 DNA 的复制。组蛋白是在细胞质中合成的，随即转运进入细胞核，与 DNA 链装配成核小体。S 期的复制过程受细胞质信号控制。

3. G_2 期

G_2 期指从 S 期结束直至下一次有丝分裂开始前的时期。在这个时期，细胞对将要到来的分裂期进行了物质与能量的准备，一些与细胞分裂有关的蛋白因子、酶也在此期大量合成，如染色体凝集因子、组成有丝分裂器的微管及微丝蛋白等，纺锤丝的组成成分就是在这一时期合成的。

（二）分裂期

细胞经过间期后进入分裂期（M 期），在此过程中，细胞核和细胞质都会发生形态上的明显变化。相对分裂间期而言，细胞的分裂期较短。在分裂期中，细胞的中心活动就是将母细胞染色体精确、均等地分配到两个子细胞中。每一子细胞将得到与母细胞同样的一组遗传物质。细胞质组分也被一分为二。

细胞分裂期（M 期）由核分裂（karyokinesis）和胞质分裂（cytokinesis）两个阶段构成的。核分裂是指细胞核特别是核内染色质精确地分裂为两个相等部分，产生两个在形态和遗传上相同的子细胞核的过程。胞质分裂是细胞质大体分为两部分。细胞质分裂时，在两个子核间形成新细胞壁而成为两个子细胞。现在还没有发现一种机制能保证细胞质的均等分配，所以两个子细胞的细胞质并不完全相同。细胞质分裂造成两个子细胞大小明显不同的称为不均等分裂。在多数情况下，核分裂和质分裂在时间上是紧接着的。但有时核进行多次分裂，而不发生细胞质分裂，结果形成多核细胞，或者在核分裂若干次后再进行细胞质分裂，最终形成若干个单核细胞，如一些植物的胚乳形成时的细胞分裂方式。细胞周期的运转是沿着 $G_1 \rightarrow S \rightarrow G_2 \rightarrow M$ 的顺序进行的，在整个细胞周期中，一般 S 期持续时间最长，M 期（分裂期）最短，而 G_1 期和 G_2 期变动较大。

二、细胞分裂

细胞分裂（cell division）是个体生长和生命延续的基本特征。在长期进化过程中，随着细胞结构和生物体结构的复杂化，细胞分裂的方式也由简单而逐渐臻于完善，目前发现有三种不同的细胞分裂方式，即有丝分裂（mitosis）、无丝分裂（amitosis）和减数分裂（meiosis）。

（一）有丝分裂

有丝分裂又称间接分裂，是真核植物细胞分裂的基本形式，因在分裂过程中出现纺锤丝和染色体而得名。有丝分裂主要发生在植物根尖、茎尖及生长快的幼嫩部位细胞中。有丝分裂是一个复杂而连续的过程，大致分为两个阶段——核分裂和细胞质分裂。

1. 核分裂

根据形态学特点，可以人为地将核分裂分为四个时期（图 1-5），即前期（prophase）、中期（metaphase）、后期（anaphase）和末期（telophase）。

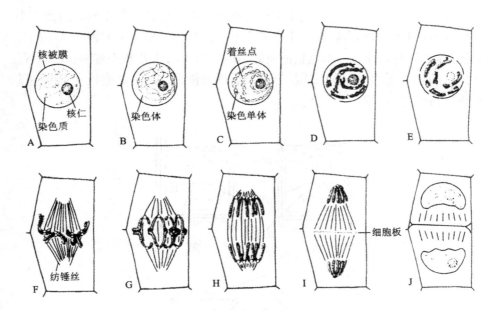

图 1-5　植物有丝分裂过程图解

A～E. 前期；F. 中期；G～I. 后期；J. 末期

（1）前期。前期是有丝分裂的开始时期，最明显的变化是细胞核中出现了染色体。染色体逐渐变短变粗，核仁解体，核膜破碎，纺锤体开始形成。

（2）中期。中期的细胞特征是染色体排列到细胞中央的赤道板上，纺锤体明显。中期的染色体缩短到最小的程度，是观察与研究染色体的好时期。

（3）后期。各个染色体的两个染色单体分开，分别由赤道面移向细胞两极。此时，细胞的两极各有数目相同的 $2n$ 条染色体。

（4）末期。重新形成两个子核，核分裂开始进入末期时，紧跟着开始了胞质分裂。其过程是靠近两极处的纺锤丝已经消失，但中部的纺锤丝逐渐聚集并向外扩张，结果形成一种圆桶状结构，称为成膜体。在成膜体围起来的中间部分，高尔基体分泌的小泡融合形成了细胞板（cell plate）。由它将细胞质分裂为两部分，形成了两个子细胞。

2. 细胞质分裂

在核分裂进入后期或末期形成两个新的子细胞。

当两组染色体接近两极时（晚后期或早末期），两极的纺锤丝消失，极间微管的中间部分和区间微管在两个子核间密集形成桶状结构，称为成膜体，如图 1-6 所示。在成膜体形成的同时，由高尔基体和内质网来源的小泡受成膜体微管的定向引导，由马达蛋白协助提供能量，运动、汇集到赤道面。小泡内含有半纤维素和果胶质，小泡融合时，这些物质组成细胞板，从中间开始逐步向四周横向扩展。细胞板形成处，成膜体消失，但出现在细胞板的边缘。成膜体随细胞板的延伸向四周扩展，而后逐渐消失。最后细胞板与母细胞壁相连，将细胞一分为二。

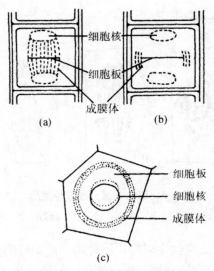

图 1-6　成膜体和细胞板

（a）、（b）侧面观；（c）顶面观

　　细胞板与母细胞相连的位置正是原来微管早前期带的位置。在细胞板形成过程中，其边缘和母细胞壁之间有微丝联系，这些微丝可能对细胞板精确定位有作用。

（二）无丝分裂

　　无丝分裂又称直接分裂，是一种简单、快速的细胞分裂方式。因为在分裂过程中没有出现纺锤丝和染色体的变化，直接分裂成两个子细胞，故被称为无丝分裂。细胞分裂开始时，核仁先行分裂，细胞核伸长，核仁向核两端移动，然后在核中部从一面或两面向内凹陷，最后中间分开，形成两个细胞核，在两核中间产生新细胞壁，从而形成两个细胞。无丝分裂有各种方式，如横缢、纵缢、出芽等，最常见的是横缢，图 1-7 为棉花胚乳细胞的无丝分裂。

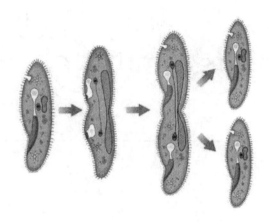

图 1-7　棉花胚乳细胞的无丝分裂

　　无丝分裂在低等植物中普遍存在，在高等植物中也比较常见，如一些植物的块根、块茎、根分生组织、木质部活细胞、禾本科植物节间基部、花芽等处都可见到无丝分裂，在愈伤组织的细胞分裂中也有大量无丝分裂。无丝分裂不能保证遗传物质平均地分配到两个子细胞，从而不能保证遗传的稳定性。无丝分裂的生物学意义需进一步研究。

（三）减数分裂

　　减数分裂是与有性生殖过程密切相关的一种细胞分裂方式，在减数分裂过程中，性母细胞连续分裂两次，但 DNA 只复制一次，因而同一母细胞连续两次分裂产生的 4 个子细胞都只含有母细胞染色体数目的一半。

　　减数分裂与普通有丝分裂一样也涉及染色体的复制、染色体的分裂和运动等，所不同的是减数分裂过程中连续发生两次分裂，但 DNA 只复制一次；并且，减数分裂过程中的第一次分裂比普通有丝分裂要复杂得多，如图 1-8 所示。

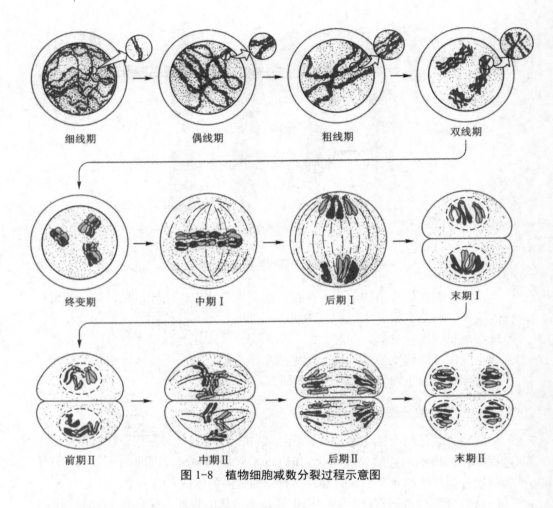

细线期　　　　　　偶线期　　　　　　粗线期　　　　　　双线期

终变期　　　　　　中期Ⅰ　　　　　　后期Ⅰ　　　　　　末期Ⅰ

前期Ⅱ　　　　　　中期Ⅱ　　　　　　后期Ⅱ　　　　　　末期Ⅱ

图 1-8　植物细胞减数分裂过程示意图

1. 第一次分裂——减数分裂Ⅰ

前期Ⅰ：减数分裂开始时，细胞核中出现光学显微镜下可见的染色体，由于此时 DNA 和组蛋白的合成早已完成，所以此时的染色体实际已包括两个染色单体，但在光学显微镜下还难以分辨，此为细线期（leptotene）；接着，分别来自父本和母本的同源染色体逐渐靠近，两两配对，即联会（synapsis），是为偶线期（zygotene）；配对完成后，染色体逐渐变粗变短，称为粗线期（pachytene），粗线期染色体缩短变粗的同时，成对的同源染色体各自纵裂，每一同源染色体形成两条染色单体，因而每对同源染色体含有两对姊妹染色体，称为四分体（tetrad），这一时期的同源染色体不是平行并列的，而是彼此绞缠在一起，同源染色体上的一条染色单体与另一条同源染色体上的染色单体发生交叉扭合，并在交叉部位两条非姊妹染色单体发生断裂，互换染色体片段，从而改变了原来的基因组合，使后代发生变异；以后同源染色体趋于分开，由于交叉常常发生在不止一个位点，因此此时可以看到同源染色体在一处或多处相连（交叉），是为双线期（diplotene）；此后，染色体更为缩短，并移向核的周围，核仁、核膜逐渐消失，进入终变期（diakinesis）。

中期I：与有丝分裂一样，中期I的特点是染色体排列到细胞的赤道板上，但由于在前期发生联会，因而在减数分裂的中期，同源染色体不分开，仍是成对地排列在细胞中央。

后期I：由于纺锤丝的牵引，两条同源染色体（各含两条染色单体）分别向细胞两极移动，结果使细胞两极各有一组染色体。

末期I：染色体解旋变细，但不完全伸展，仍然保持可见的染色体形态；核膜也不一定全部恢复，只是细胞质分裂成两个细胞，然后紧接着进行第二次分裂。

2. 第二次分裂——减数分裂 II

在减数分裂 I 形成的两个子细胞中，染色体的数目已经减半，但由于每条染色体都已复制成两条染色单体，因此，子细胞的 DNA 含量并未减半。减数分裂 II 实际上是一次有丝分裂，并且在分裂前不再进行 DNA 的复制，其分裂过程同样分成前、中、后、末 4 个时期；前期 II 很短，不像前期 I 那样复杂，主要表现为染色体逐渐变粗短，至核膜、核仁消失；中期 II 时每个细胞中含两条染色单体的染色体再次排列到细胞中央，纺锤体出现；到后期 II，各染色体的两条染色单体分开，并分别移向细胞两极；以后，细胞分裂进入末期 II，胞质分裂形成两个子细胞。至此，无论从 DNA 含量还是从染色体数目上看，子细胞都是单倍体的。

减数分裂具有重要的生物学意义，它与植物的有性生殖相联系，减数分裂导致了性细胞（配子）的染色体数目减半，在以后发生的有性生殖过程中，两个配子结合形成合子，合子的染色体数目又重新恢复到亲本的水平，这样周而复始地生行，使有性生殖的后代始终保持亲本固有的染色体数目和类型。因此，减数分裂是有性生殖的前提，是保持物种稳定性的基础；同时，在减数分裂过程中，由于同源染色体发生联会、交叉和片段互换，从而使同源染色体上父母本的基因发生重组，导致产生新类型的单倍体细胞，从而导致有性生殖，能使子代产生变异。

第三节 植物组织类型与维管系统

组织是植物细胞群组成的结构和功能单位，是植物在进化过程中不断更新的产物。组织包括简单组织和复合组织，其中，简单组织是由一种细胞类型组成的，而复合组织是由多种不同类型的细胞组成的。

植物适应环境的过程实际上就是组织的发展和完善过程。植物在适应环境的同时也伴随着自身的进化，植物只有不断的进化和完善，才能更好地适应生长环境，有效对抗环境中的逆境。植物的进化程度越高，其适应能力就越强，植物体内的结构也就越复杂，相反，植物的进化程度越低，其适应能力也就越弱。被子植物是典型的高程度进化的植物类群，不但细胞群的分工详细且完善，而且它们的形态结构和生理功能高度统一，这也是植物适应性强的原因。

在植物的生长发育过程中，其组织是细胞经过分裂、生长和分化阶段而逐渐形成的。植物体内含有多种不同的组织，这些组织的来源和分工都各不相同，共同参与到植物的生命活动中。①

一、植物组织类型

根据植物组织在植物体中的位置、组成细胞的类型、担负的生理功能、起源及发育程度可以将其划分为两大类：分生组织和成熟组织，其分类之间关系如图 1-9 所示。

---

① 郭振升．植物与植物生理 [M]．重庆：重庆大学出版社，2014.

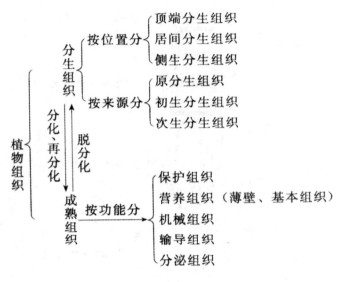

图 1-9　植物组织分类

（一）分生组织

在植物生长初期，组织细胞大多为胚细胞，胚细胞都具有分裂的功能，而在植物发育成熟期，胚细胞也逐渐发展成熟，仅在某些特定部位的细胞仍然具有分裂作用。这类持续分裂的细胞被称为分生组织，因此，分生组织分布于植物的某些特定部位，具有持续进行分裂的功能。

根据分生组织在植物体中的分布部位，可以将分生组织分为顶端分生组织、侧生分生组织、居间分生组织等不同类型。

1. 按照在植物体中的分布部位分类

根据在植物体内分布位置的不同，可以把分生组织分为顶端分生组织、侧生分生组织和居间分生组织（图 1-10）。

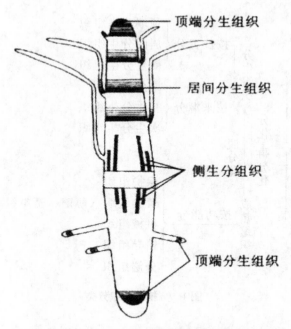

顶端分生组织

居间分生组织

侧生分组织

顶端分生组织

图 1-10　分生组织在植物体内的分布

（1）顶端分生组织。

顶端分生组织分布于植物主轴和分支的顶端部分（图 1-11），顶端部分的细胞活动持续时间较长，通常可以长期保持分生能力，尽管顶端分生组织也有休眠时期，但是在生长环境适宜的情况下，组织细胞还可以继续进行分裂。顶端分生组织的细胞体积小，细胞壁相对较薄，细胞核的体积大并位于细胞中间，液泡体积小并处于分散状态，细胞质虽然丰富但缺少后含物。

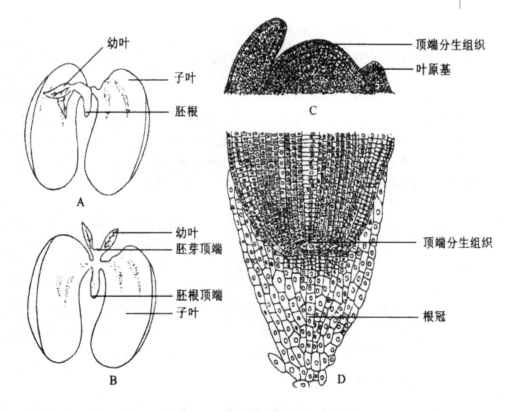

图 1-11　茎尖和根尖顶端分生组织

A. 休眠胚，胚芽尚包在子叶之间；B. 萌动胚，胚芽和胚根露出；

C. 茎尖纵切，示顶端分生组织；D. 根尖纵切，示顶端分生组织

（2）侧生分生组织（lateral meristem）。

侧生分生组织位于根和茎侧方的周围，靠近器官的边缘，与所在器官的长轴平行排列（图 2-11）。它包括维管形成层（vascular cambium）和木栓形成层（cork cambium），为裸子植物和双子叶植物所具有。其细胞体积较大，核相对较小，液泡化程度高，细胞质浓度低，且成一薄层贴近细胞壁。维管形成层的细胞多为长纺锤形，少数是近等径的。

（3）居间分生组织（intercalary meristem）。

在植物器官的成熟组织之间存在一类分生组织，这类分生组织称为居间分生组织，居间分生组织的形成来源于顶端分生组织，也就是说，居间分生组织是顶端分生组织衍生而遗留在成熟器官中的分生组织。横分裂是居间分生组织的分化方式，细胞沿着纵轴方向逐渐增加，细胞在分裂一段时间之后就分化为成熟组织。

2. 按照分生组织来源和性质分类

分生组织按来源和性质可分为原分生组织、初生分生组织、次生分生组织。

（1）原分生组织。

原分生组织（promeristem）由来源于胚胎的胚性细胞所构成，位于根尖和茎尖生长点的最先端，通常具有持久而强烈的分生能力。细胞体积小，近于等径，排列紧密，无间隙，细胞壁薄，细胞核相对较大，细胞质丰富，富含线粒体和内质网等细胞器，无明显液泡，是形成其他组织的来源。

（2）初生分生组织。

初生分生组织（primary meristem）由原分生组织细胞分裂衍生而来，位于原分生组织的后部，二者无明显的界线。初生分生组织的特点是：一方面细胞保持继续分裂的能力；另一方面已经有了形态上的初步分化。

（3）次生分生组织。

次生分生组织（secondary meristem）是由已经分化成熟的薄壁细胞经过脱分化，重新恢复分裂能力转变而成的分生组织。次生分生组织在草本双子叶植物中仅有微弱的活动或不存在，在单子叶植物中一般没有。

（二）成熟组织

分生组织分裂而来的细胞失去了分裂能力，发生了变化，成为各种成熟组织，也成为永久组织。成熟组织具有不同的分化程度，有些成熟组织的细胞分化程度较低，还会发生脱分化，重新转化为分生组织。不同成熟组织的功能各异，主要有以下四类。

1. 保护组织

植物的保护组织包括表皮和周皮。保护组织是一类细胞群，常常分布于植物体表面，其作用非常全面，既能够防止细胞水分丢失，防止细胞受病虫侵害，还能够控制植物和环境的气体交换。

（1）表皮。

在大多数植物中，植物表皮是一层细胞，是在原表皮的基础上通过分化而形成的，然而，也有少数植物的表皮为多层细胞，植物的某些器官外表为复表皮，是由多层生活细胞组成的。表皮分布于不同器官或不同部位的表面，其组成部位除了表皮细胞之外，还有保卫细胞、副卫细胞和表皮毛等组成部分（图1-12）。有些植物表皮的外壁上还有蜡质，可增强表皮的不透水性。

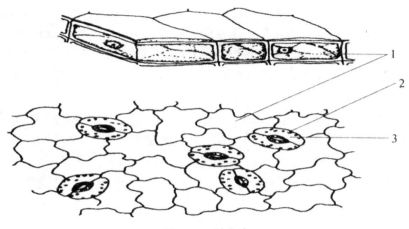

图 1-12　叶表皮

1—表皮细胞；2—气孔器；3—保卫细胞

（2）周皮。

在木本植物中，表皮的保护时间是有限的，当有些植物的根、茎在加粗过程中原来的表皮损坏脱落，就会形成取代表皮的新的保护组织——周皮。

周皮由侧生分生组织——木栓形成层分裂活动形成。它主要分布于增粗的根、茎的表面，由木栓层、木栓形成层和栓内层共同构成，如图 1-13 所示。

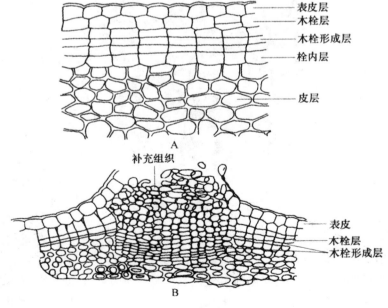

图 1-13　周皮和皮孔

A. 棉花茎的周皮；B. 接骨木茎的皮孔

木栓层的细胞呈扁平状态，含有多层不同的细胞，细胞之间内有间隙，细胞壁高度栓化。植物栓内层大多是薄壁生活细胞，含有叶绿体可进行光合作用，木栓层能够为植物的顺利生长提供保护，其保护作用具体表现为防止病虫侵害、控制水分散失、抵抗其他逆境等。除此之外，木栓层还具有抗压、隔热及绝缘等特征。

补充细胞是木栓形成层细胞向外衍生而形成的。补充细胞的细胞间隙相对发达，常出现在周皮的某些特定部位，补充细胞生长到一定程度之后，便会突破树皮表面，并在树皮表面形成突起，这些突起的形状各不相同，人们通常将这些突起称为皮孔。皮孔是周皮代替气孔和外界进行气体交换的通道。

2. 薄壁组织

薄壁组织细胞中含有多种不同的细胞器，有细胞核、线粒体、液泡和质体等，由于薄壁组织细胞之间的间隙较大，而且初生壁相对较薄，因此，被称为薄壁组织，如图1-14所示。然而，在少数植物体中，组织细胞的初生壁较厚，含有大量的半纤维素，这类组织细胞可以为胚发育提供物质和能量。

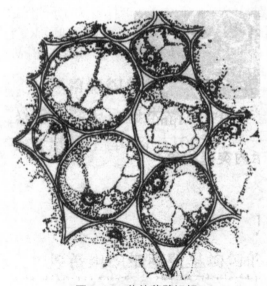

图1-14 茎的薄壁组织

薄壁组织经过脱分化可形成分生组织，经过再分化可形成特化组织，虽然薄壁组织的分化能力不高，但是其功能多样，还具有一定的分生能力，并体现出明显的可塑性。脱分化和再分化功能使薄壁组织的创伤得到修复，薄壁组织细胞受到创伤，经过脱分化和再分化，受创伤的细胞会被代谢，新的组织细胞逐渐形成，这一点和植物组织经过培养获得再生植株过程相似。

薄壁组织能分化形成同化组织（assimilating tissue）、贮藏组织（storage tissue）、通气组织（aerenchyma）及特化成传递细胞（transfer cell）等。

（1）同化薄壁组织。

同化薄壁组织指能进行光合作用的薄壁组织，常见于植株绿色部分，又称绿色薄壁组织。细胞含大量的叶绿体，液泡化程度较高，细胞间隙发达。如幼茎皮层、发育中的果皮，尤以叶肉的薄壁组织最典型。

（2）贮藏薄壁组织。

贮藏薄壁组织多分布于植物体的各类贮藏器官中，如块根、块茎、球茎、鳞茎、果实和种子内。细胞较大，其中含有大量的营养物质，如淀粉粒、糊粉粒、脂肪、油、糖类等。

（3）通气薄壁组织。

通气薄壁组织常出现于水生植物体内，细胞间隙大是通气薄壁组织最显著的特点，在水生植物体内，通气薄壁组织形成具有一定贯通性的腔隙，能够储存大量的空气并运输空气。比如，灯心草茎的通气薄壁组织。

（4）传递细胞。

传递细胞分布在大量溶质集中的、与短途运输有关的部位，如叶的细脉周围、茎或花序轴节部的维管组织、胚珠、种子的子叶、胚乳、胚柄等。传递细胞的细胞壁向内形成指状突起，质膜沿其表面分布，表面积大大增加，从而有利于细胞内外物质释放与吸收，起到物质迅速传递的作用（图1-15）。

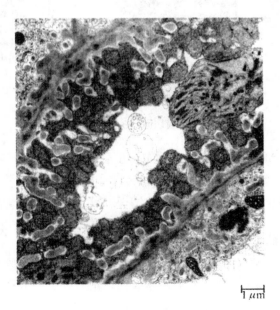

图1-15　传递细胞

3. 机械组织

机械组织是一类成熟组织，对植物生长具有支持和巩固的作用。在植物器官的生长初期，机械组织还不够成熟，机械组织细胞具有相同的特点，即细胞壁增厚，部分细胞壁在加厚的同时还伴随着木化。

根据细胞形态特征的差异性，以及细胞壁加厚方式的不同，可以将机械组织分为厚角组织和厚壁组织。

（1）厚角组织。

厚角组织的组成成分是生活细胞，由于生活细胞中含有叶绿体，因而能够进行光合作用（图1-16）。厚角组织的细胞壁局部加厚，仅仅在角隅部分加厚，角隅部分指细胞邻接处，细胞壁加厚使厚角组织具有明显的坚韧性、可塑性及延伸性，不仅对植物器官起到支持的作用，还为植物器官的生长提供保护功能。

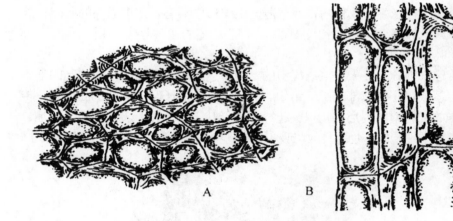

图1-16　厚角组织

A. 横切面；B. 纵切面

厚角组织普遍存在于双子叶植物的幼茎、叶柄、花梗等部位的表皮内侧。厚角组织的分布往往连续成环状或分离成束状，在有棱部分特别发达，以增强支持力量，如芹菜、南瓜的茎和叶柄中。叶中的厚角组织成束位于较大叶脉一侧或两侧。

（2）厚壁组织。

与厚角组织不同，厚壁组织细胞的次生壁全面增厚，胞腔小，胞壁上有层纹和纹孔，成熟时原生质体常解体成为只留有细胞壁的死细胞。由于细胞形态不同，厚壁组织分为纤维（fiber）和石细胞（stone cell）两类。

一是纤维。纤维是两端尖斜的长梭形细胞，次生壁明显，加厚的成分主要为纤维素或木质素，壁上有少数纹孔，细胞腔小。纤维单个或彼此嵌插成束分布于植物体中（图 1-17）。按其在植物体中分布和壁特化程度不同，纤维可分为木纤维和木质部外纤维，木质部外纤维又常称韧皮纤维。

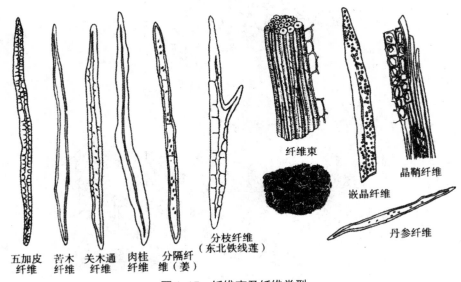

五加皮纤维　苦木纤维　关木通纤维　肉桂纤维　分隔纤维（姜）　分枝纤维（东北铁线莲）　纤维束　嵌晶纤维　晶鞘纤维　丹参纤维

图 1-17　纤维束及纤维类型

二是石细胞。石细胞多为等径或略伸长，呈类圆形、椭圆形、长方形、多角形、分枝形、柱状、星状等。其细胞壁木质化并显著增厚，壁上的纹孔多延伸成沟状（指侧面观），还往往汇合成分枝的状态（图 1-18）。石细胞一般是由薄壁细胞通过细胞壁强烈增厚和木质化这种分化方式而成的，少数是由分生组织产生的新细胞直接分化而成。石细胞成群或单个地分布于植物的根、茎、叶、果实和种子中，如黄柏的茎、党参的根、桃、梨的果实中和杏的种皮上。

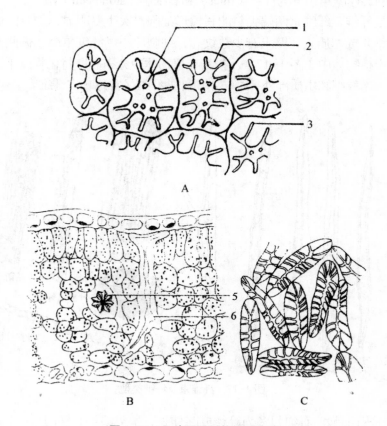

图 1-18　几种不同形状的石细胞

A. 梨的石细胞；B. 茶叶横切面；C. 椰子果皮内的石细胞

1—纹孔的正面观；2—细胞腔；3—纹孔的侧面观；5—草酸钙簇晶；6—分枝状石细胞

4. 输导组织

输导组织（conducting tissue）是植物体内担负物质长途运输功能的管状结构，贯穿于植物体的各器官之间。

在植物体中，水分和有机物运输分别由两类输导组织承担，一类为导管（vessel）和管胞（tracheid），主要运输水分和溶解于其中的无机盐；另一类为筛管（sieve tube）和筛胞（sieve cell），主要运输有机物质。

（1）导管。

导管普遍存在于被子植物木质部中，由许多长筒形细胞顶端对顶端连接而成。组成导管的每一个细胞称为导管分子。导管分子侧壁呈不同程度增厚和木化，端壁溶解消失，形成不同程度的穿孔（perforation）。穿孔的形成使导管分子中的横臂打通，成为一长管状结构，从而减少水分运输的阻力（图 1-19）。

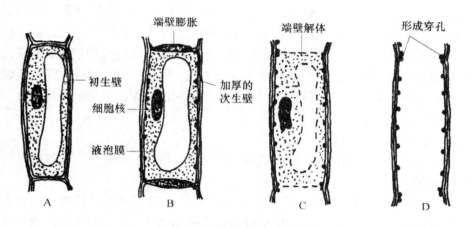

图 1-19 导管分子的发育

A. 导管分子前身，无次生壁形成；B. 细胞体积增至最大限度，细胞核增大，次生壁物质开始沉积；C. 次生壁加厚完成，液泡膜破裂，细胞核变形，壁端处部分解体；D. 导管分子成熟，原生质体消失，次生加厚壁之间的初生壁已部分水解，两端形成穿孔

根据发育先后及其侧壁次生增厚和木化方式不同，可以将导管分为五种类型，如图 1-20 所示。

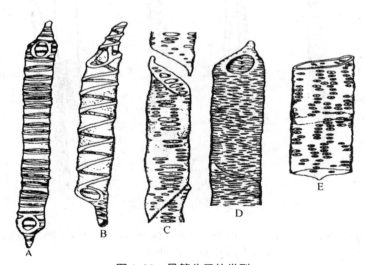

图 1-20 导管分子的类型

A. 环纹导管；B. 螺纹导管；C. 梯纹导管；D. 网纹导管；E. 孔纹导管

A.环纹导管每隔一定距离有一环状木化增厚次生壁；B.螺纹导管侧壁呈螺旋带状木化增厚；C.梯纹导管侧壁呈几乎平行的横条状木化增厚，与未增厚的初生壁相间排列，呈梯形；D.网纹导管，侧壁呈网状木化增厚，"网眼"为未增厚的初生壁；E.孔纹导管侧壁大部分木化增厚，未增厚部分形成孔纹。

在植物生长发育的初期，在植物器官中，出现了环纹导管和螺纹导管，虽然导管具备输水能力，但是其输水能力不强。梯纹导管、网纹导管和孔纹导管的出现较晚，这些导管常发生于生长后期的器官中，导管的直径较大，输导能力相对较强。

（2）管胞。

在大多数植物中，管胞的功能主要体现在水溶液的运输上，如管胞是裸子植物的输水机构。

管胞是一种管状细胞，管胞直径相对较小，长度也相对较短，大约为 1～2mm，管胞在凋亡的过程中会经历细胞壁增厚并木化、原生质体消失等阶段。管胞和导管存在显著的不同，两者之间的差异主要在于管胞端壁布形成穿孔。管胞次生壁增厚并木化时，同样形成不同的纹理，如图 1-21 所示，裸子植物的细胞壁含有具缘纹孔，而被子植物的细胞壁并不具备。管胞纵向排列时，两个管胞之间的溶液运输从侧壁的纹孔进行，水溶液从侧壁的纹孔进入另一个管胞，朝着向上的方向进行运输。

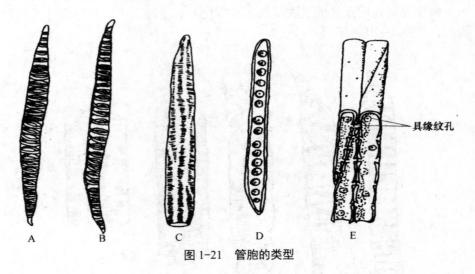

图 1-21　管胞的类型

A.环纹管胞；B.螺纹管胞；C.梯纹管胞；D.孔纹管胞；E.4 个毗邻孔纹管胞的一部分（其中 3 个管胞纵切，示纹孔的分布与管胞间的连接方式）

（3）筛管。

筛管的组成单位是长形活细胞，称为筛管分子，如烟草韧皮部分子（图

1-22）。多个筛管分子以顶端相连而成筛管，它是被子植物中长距离运输光合产物的结构。筛管分子只具初生壁，壁的主要成分是果胶和纤维素。筛管分子长成后，细胞核退化，细胞质仍保留，其末端的细胞壁称筛板，其上有较大的孔，称筛孔。相比于胞间连丝，原生质丝更加粗大，穿过孔的原生质丝被称为联络索，在相邻的筛管分子之间，联络索起到了沟通的作用，具有运输有机物的功能。筛管分子属于生活细胞，成熟的筛管分子不具有细胞核，液泡和细胞质之间也没有任何界限。在被子植物的筛管中，包含一种特殊的蛋白，即P-蛋白，经研究可知，这种蛋白是一种收缩蛋白，能够在植物细胞内运输有机物。

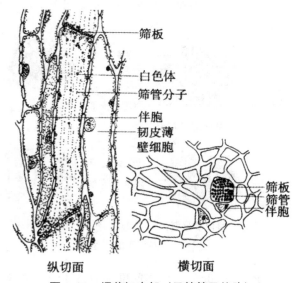

图1-22　烟草韧皮部（示筛管及伴胞）

（4）伴胞。

筛管分子和伴胞都是薄壁细胞，都是由母细胞分裂而形成的，而且是来源于同一母细胞，伴胞含有细胞核和细胞器，细胞质中具有多个小液泡和多个线粒体，伴胞与筛管分子的侧面相邻，其代谢功能较强，有利于维持筛管质膜的完整性，在维持筛管的方面具有显著的作用。

研究表明，筛管的运输功能与伴胞的代谢紧密相关，筛管分子中没有细胞核，其代谢、运输过程中所需的能量、纤维素或调控信息均由伴胞来提供，两者共同完成有机物的运输。

二、维管系统

（一）维管束

维管束是由原形成层分化而来的、由木质部和韧皮部共同组成的、担负着运输养料和支持植物体双重功能的束状结构。

1. 根据形成层的有无来分

无限维管束（closed bundle）：在木质部与韧皮部之间有形成层，这类维管束以后通过形成层的分裂活动能产生次生韧皮部和次生木质部，可以继续扩大，为双子叶植物和裸子植物所具有，具体如图 1-23 所示。

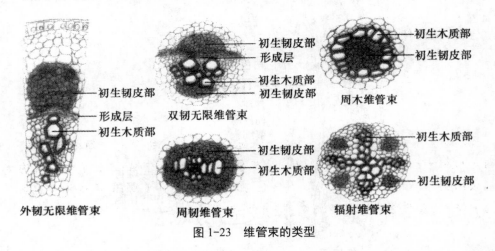

图 1-23　维管束的类型

有限维管束（open bundle）：在木质部与韧皮部之间没有形成层，因此这类维管束不能再行发展，是单子叶植物具有的类型。

2. 根据木质部与韧皮部的相对位置来分

外韧维管束（collateral bundle）：通常植物的茎包含外韧维管束，在外韧维管束中，木质部排列在内，韧皮部排列在外。根据外韧维管束有无形成层，可以将其分为两种不同的类型：一种是有限外韧维管束，这种类型的外韧维管束没有形成层，例如，单子叶植物茎的维管束；另一种是无限外韧维管束，这种类型的外韧维管束有形成层，比如，双子叶植物的维管束。

双韧维管束（bicollateral bundle）：木质部的内、外方均有韧皮部，存在于茄科（Solanaceae）、寄芦科（Cucurbitaceae）等植物中。

周韧维管束（amphicribral bundle）：韧皮部围绕木质部呈同心排列，存在于秋海算（Begonia）、酸模（Rumex acetosa L.）、被子植物的花丝中，蕨类植物的根状茎中也有周韧维笔束。

周木维管束（amphivasal bundle）：木质部围绕韧皮部呈同心排列，存在于芹菜、胡椒和（Piperaceae）的一些植物中。

幼根的初生木质部与初生韧皮部呈辐射状相间排列，有些人称之为辐射维管束。

（二）维管组织

木质部是一种复合组织，主要由导管、管胞、木纤维和木薄壁细胞组成，其中，导管和管胞具有运输水分的功能，是木质部中不可或缺的组成部分，而木薄壁细胞使木质部具有储藏的作用，细胞中含有大量的淀粉和结晶，木纤维的存档使木质部具有支持的功能。

韧皮部也是由几种不同类型的细胞组成的复合组织，由筛管、伴胞、韧皮薄壁细胞和韧皮纤维等细胞组成，其中，筛管或筛胞具有运输有机物的功能。

由于木质部和韧皮部的主要组成成分都是管状结构，两者又共同构成维管束，所以将木屈部和韧皮部或两者之一称为维管组织（vascular tissue）。在蕨类和种子植物体内都有维管维织的分化，通常将它们合称为维管植物（vascular plant）。

（三）维管系统

维管组织贯穿于某一器官或整个植株中，使一个器官或整个植物体的各个部分连接起来。一株植物或一个器官的全部维管组织总称为维管系统（vascular system）。维管系统的出现是植物适应陆生生活的产物，维管系统的分化发育使水分、矿物质和有机养料能够在植物体内快速运输和分配，从而使植物体摆脱了对水环境的高度依赖性。

第二章　植物的生长发育及其生理分析

大千世界，生长发育不仅事关生物个体，还事关整个生态系统。植物生长指的是体积变大，重量增加，而且这种增加是不可逆的，在细胞水平方面，就是细胞的不断分裂和延伸。生长包括有限结构的生长和无限结构的生长。发育指的是植物结构和功能由简单变得复杂，它属于细胞的分化过程，达到性机能的成熟，最后开花结果。

第一节　植物的生长阶段及其生理分析

一、种子萌发及生理变化

种子萌发（seed germination）是指在适宜的环境条件下，种子从吸水到胚根突破种皮期间所发生的一系列生理生化变化过程。种子萌发受内部生理条件和外部环境条件影响。内部生理条件主要是种子的休眠和种子的生活力。成熟的种子，在适当条件下，便开始萌发，逐渐形成幼苗。

（一）种子的吸水

如图 2-1 所示，种子萌动之前，首先要依赖种子衬质势通过吸胀作用急剧吸水，这是一个物理过程。种子完全吸水后膨胀，体积增大、自由水量增加。随后种子吸水进入停滞期，休眠种子或死种子即停留在此时，有生命力的种子中各种水解酶和呼吸酶的活性开始升高，种子内部由相对静止状态转化为生理活动状态。[1]

---

[1] 邹秀华，周爱芹．植物与植物生理 [M]．重庆：重庆大学出版社，2014.

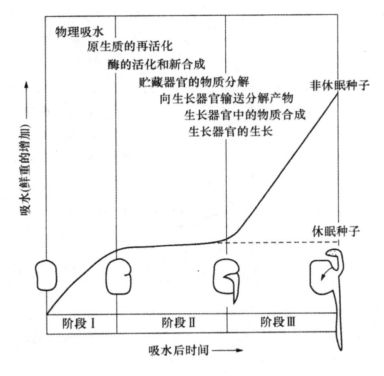

图 2-1　种子萌发时吸水的 3 个阶段

（二）呼吸作用的变化和酶的形成

种子萌发过程中的呼吸作用很像吸水过程，分为 3 个阶段，分别是迅速升高、保持稳定、迅速增加（图 2-2）。种子在吸水时，呼吸作用一开始也是快速增加的，在这一过程中，呼吸酶和线粒体系统发挥着重要的作用。到了第二阶段，吸水就进入了停滞期，呼吸作用也停止了，这是因为干种子中的呼吸酶和线粒体系统活化了，但还没有形成新的呼吸酶和线粒体；此外，胚根仍然在种皮中，氧气供应受阻。在第三阶段，胚根从种皮中生长出来，导致呼吸作用快速增加，此时氧气较为充足，生长的胚轴细胞也合成了新的线粒体和呼吸酶系统。

种子萌发吸水的前两个阶段产生了大量的 CO_2，比消耗的 O_2 还要多；在第三阶段，消耗了更多的 O_2。这说明种子萌发早期的呼吸作用以无氧呼吸为主，随后转为有氧呼吸。

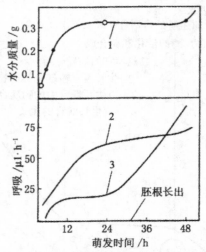

图 2-2　豌豆种子萌发时吸水和呼吸的变化

1—种子吸水过程的变化；2—CO_2 的变化；3—O_2 吸收的变化

种子萌发过程中酶的来源有两种：从已存在的束缚态酶释放或活化形成的酶；通过核酸诱导下合成的蛋白质形成新的酶。

（三）核酸的变化

成熟胚中已储存有萌发过程中做模板的 tuRNA，它是在种子发育期间形成的，称为储存 mRNA。在萌发过程中还有新的 mRNA 合成。DNA 合成往往与后期萌发阶段有关。

（四）有机物的转变

种子中含有丰富的淀粉、脂类和蛋白质，不同植物的种子这三种成分含量也不同。根据含量最多的有机物可以将种子分为淀粉种子、油料种子、豆类种子。种子发芽时，酶会将这些有机物水解为简单有机物，从而为幼胚的生长提供营养。

整个萌发过程经历储藏物质淀粉、脂肪、蛋白质等有机物一系列的水解、运输和重建等代谢转变过程如图 2-3 所示。因此，种子内储藏的有机物质越多，越有利于种子萌发、幼胚生长，因此在播种前要选择粒大饱满的种子。

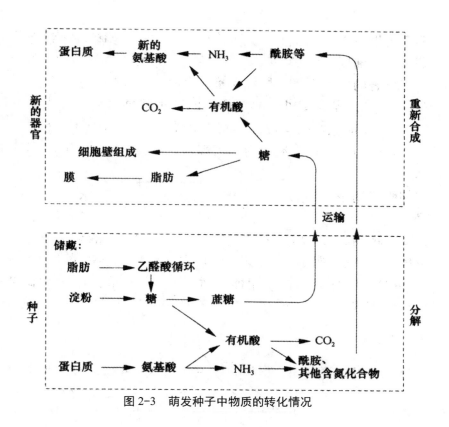

图 2-3 萌发种子中物质的转化情况

二、植物的生长生理

关于种子的萌发、细胞的生长和分化，以及根和茎的生长分化等前面已经有所介绍，这里不再赘述。植物的整体、器官或组织在生长过程中常常遵循一定的规律，表现出特有的周期性、相关性和独立性等特点。

（一）植物生长大周期

植物的根、茎、叶、种子和果实等器官及一年生的整株植物，生长速率的特点是先慢后快，最后再变慢，早期生长比较慢，然后变快，当生长速度达到最高后又开始减慢，直到完全停止。整株植物或个别器官在生长过程中呈现出来的这一特点被称为生长大周期（grand period of growth）。

以玉米株高为例，对其生长时间进行记录，就可以得到 S 形的玉米生长曲线，如果按照生长速率和生长时间的关系作图，就可以得到抛物线形的增长速率曲线（图 2-4）。

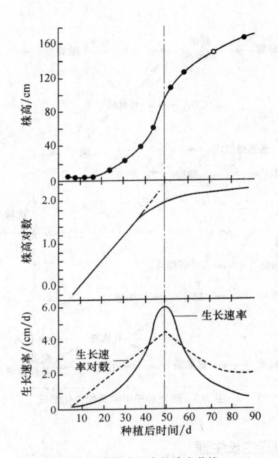

图 2-4　玉米株高及生长速率曲线

由图 2-4 可见，这条"S"形生长曲线可细分为 4 个时期。

第一，生长停滞期（growth lag phase），图中的 0 ~ 18d，细胞处于分裂时期和原生质积累期，生长比较缓慢。

第二，对数生长期（logarithmic growth phase），图中的 18 ~ 45d，细胞体积随时间而成对数增大，细胞越多，生长越快。

第三，直线生长期（linear growth phase），图中的 45 ~ 55d，生长继续以恒定的速率（最高速率）进行。

第四，衰老期（senescence phase），图中的 55 ~ 90d，细胞成熟和衰老，生长速率下降。

生产上了解植物或器官的生长大周期，具有重要的意义。因为植物生长是不可逆的，必须在植株或器官快速生长期到来之前及时采取肥水等调控措施，否则收效甚微。如北方苹果树枝叶旺盛生长期在 4、5、6 月份，应在 4 月份前多施氮肥促进其营养生长，过了 6 月份后，应停止使用氮肥控制其生长，而改施磷钾肥促进枝条发育、果实膨大，即"前促后控"。如果在枝条快速生长期后才施氮肥，则当年枝条生长晚、长势弱，无充足的时间进行发育，造成以后年份树体衰弱，结果能力降低。此外，掌握同一植物不同器官之间的生长大周期，可灵活调节各器官之间生长和发育的矛盾，如小麦的拔节水浇得太早会使营养生长过旺，抑制生殖生长，生产上一般采取晚浇拔节水加以控制，但拔节水浇得太晚又会影响小麦的穗分化，所以应了解小麦进入快速穗分化的时间，在不影响穗分化的前提下适当晚浇拔节水。

（二）植物生长的温周期性

在自然条件下，通常白天的温度较高，夜晚的温度较低。植物的生长也随着昼夜温度的变化而变化，这被称为植物生长的温周期性，也叫昼夜周期性。这种变化规律具体表现在树木的高度、直径、树冠的生长方面。通常情况下，植物在夏季白天生长速率比较慢，夜晚比较快；冬季则与夏季相反。

植物在生长过程中之所以有昼夜周期性的变化，主要是因为夏季白天温度高、光线强，植物体内水分大量蒸发，很容易缺水，而强烈的光线又阻碍了细胞的生长；到了晚上，温度有所下降，植物呼吸作用减弱，消耗比较少；夜晚温度低，对根部的生长和细胞分裂素的合成也大有好处，这促进了植物的生长。但是冬季夜晚温度过低，植物就会停止生长。

（三）植物生长的季节周期性

植物在一年中的生长速率，随季节变化而发生有规律性的变化，称为植物生长的季节周期性（seasonal periodicity of growth），即春发、夏茂、秋落、冬眠。这是因为一年四季中，光照强度、温度和水分等影响植物生长的外界因素是不同的。

生长的季节性变化是建立在体内代谢活动的基础之上的。当秋天来临时，日照长度缩短，这个信号被叶片感受后，经信号转导产生一系列代谢变化，导致植物对冬季的气候产生种种生理上的适应，如物质从叶片转移到根、茎和芽中储藏起来，体内糖分与脂肪等物质的含量提高'组织含水量下降，原生质转为凝胶状态，植物抗性增强；生长素、细胞分裂素、赤霉素由游离态转变为束缚态，脱落酸等抑制生长的激素逐渐增加，体内代谢活动大大降低，生长停止，进入休眠状态。进入第二年春季后，内源激素发生变化，休眠逐渐解除，恢复生长。

植物的生长习性使植物体内营养物质生产、分配、再分配和再利用，有着一个动态的变化。多年生木本植物尤为明显。春、夏季节，植物主要依靠当时光合作用生产的有机物供应茎、叶、花和果实的生长，秋季将营养物质储藏到根、茎和芽中，次年又利用它们供生长之用。所以，从植物体内物质分配、利用和储藏以及不同器官的生长状况，也可以看出植物生长的季节周期性变化（图2-5）。

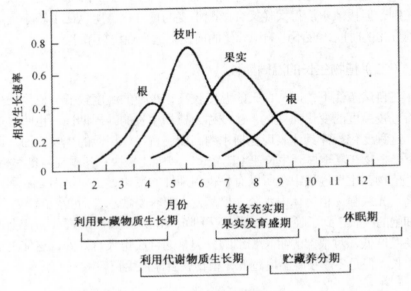

图2-5　梨树周期性生长动态示意图

此外，植物的年轮也是植物生长季节周期性的一个具体表现。年轮是由于形成层在不同季节所形成的次生木质部在形态上的差异而形成的。在同一圈年轮中，由于春夏季的气温适于树木生长，形成层比较活跃，形成的木质部细胞较大，细胞壁较薄，所以木材质地松软，叫作"早材"；秋冬季节，温度逐渐降低，空气干燥，形成层的活动不再那么旺盛，导致木质部细胞变小，细胞壁变厚，木材比较紧实，叫作"晚材"。前一年形成的晚材和第二年形成的早材之间的分界线就是年轮。

植物生长随着季节的变化而变化，这说明植物在不断适应环境的周期性变化。植物生长的速率会随着温度的降低而下降，使其能够抵抗低温，顺利过冬。

三、根系的生长分化生理

植物在生长过程中，新根不断产生。根据发生部位不同，可以将根分为定根和不定根。

植物的第一条根来自胚根，通常被称为初生根（primary root），许多种子植物中，这条初生根直接向下生长，形成主根（tap root），主根生长到一定长度时，在其一定部位上产生分枝，分枝上继续产生分枝，根产生的各级大小分枝，都称为侧根（lateral root 或 branch root），越老的侧根越靠近根基部，即根、茎相接处，而越幼嫩的侧根越靠近根尖。由于主根和侧根都是从植物体固定部位生长出来的，所以都称为定根。

许多植物除能产生定根外，还能从茎、叶、老根或胚根上产生许多根，这些根的发生位置不固定，称为不定根（adventitious root），如植物茎上起攀缘作用的根、根状茎上的根等，禾本科植物种子萌发时形成的主根，存活期不长，主要由胚轴或茎基部节上产生的不定根所替代。生产上，扦插、压条等营养繁殖技术就是利用枝条、叶等能产生不定根的习性进行的。

一株植物地下部分所有的根统称为根系（root system）。油菜、大豆、棉以及用种子繁殖的果树和林木等大多数双子叶植物的主根粗壮发达，侧根的长短粗细明显不如主根，并且主根在土壤中分布的深度最深，这样的根系称为直根系（tap root system），如图 2-6 所示。直根系的植物，其侧根吸收的物质只能经过主根运送到地上部分，因而主根是地下部分与地上部分唯一的运输通道。玉米、水稻、葱、蒜等多数单子叶植物的主根生长缓慢或早期停止生长，并且各级侧根的粗细长短相近，这样的根系称须根系（fibrous root system）。扦插、压条等营养繁殖形成的不定根多组成须根系；但也有些用扦插、压条等营养繁殖长成的果树或林木虽无主根，但具有 1～2 条发育粗壮的不定根，类似主根，也属直根系。

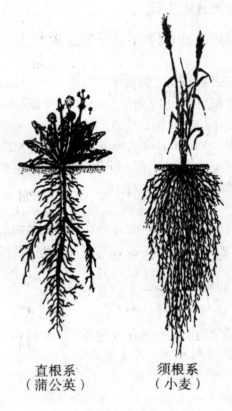

直根系　　　　须根系
（蒲公英）　　（小麦）

图 2-6　根系的类型

　　通常而言，直根系植物的根可分布于较深的土层，向深处扩展，为深根性，如大豆和棉花的主根一般可深入土层 60cm 以上，在一些灌溉良好的地方可深入土层 2m 以上；须根系植物的根通常分布于较浅的土层，向宽处扩展，为浅根性。植物根系在土壤中的生长与分布状态还常常受到外界环境条件的影响。同一种植物，如果生长在土壤肥沃、排水良好、光照充足、地下水位较低的条件下，其根系就比较发达，入土较深；反之，如果土壤肥力差、结构紧密、排水不良、表土下面有坚硬土层和岩石存在等，根系的发育就会受到影响，入土较浅，抗风、抗旱及抗倒伏能力就差。在农业生产上深耕种植能够促进根系的发育，增加根系的吸收面积，使作物获得高产。在作物间作套种时必须考虑到根系在土壤中的分布状况，不同类型根系的作物相互间作、套种可利用不同土层的肥水，有利于提高单位面积的产量。

　　根系在土壤中的分布，一方面决定于不同植物根系的特性，同时也受到环境条件的影响，如土壤的水分、温度、空气、肥料、物理性质以及光照、水源等因素。一般来说，直根系常分布于较深的土层，属于深根性；而须根系往往分布在较浅的土层，属于浅根性。但是深根性与浅根性是相对的，同一种植物如果生长在土壤排水、通气良好，光照充足，地下水位低的条件下，则根系就发达，可深入较深的土层；反之，土壤肥力差，排水、通气不良，地下水位高，根系就不发达，只能分布在较浅的土层。

直根系主要沿着垂直方向生长，须根系沿着水平方向生长，所以在栽培植物时可以采用间作的方式，如玉米是高秆的须根系作物，大豆是直根系作物，二者间作可以充分进行光合作用；也有助于从土壤中获取水分和养料，促进植物生长，而且对改善土壤结构也有好处，可以使土壤更肥沃。

根系的生长呈现典型的顶端生长性质。从根尖纵剖图（图2-7）可见结构和类型相同的组织细胞呈条状排列。这些细胞都来源于根尖分生组织分裂产生的原细胞，每一条组织细胞都与分生区的某一个或几个原细胞相对应。根尖组织细胞的分裂和条状组织细胞的分裂都是精确控制的。

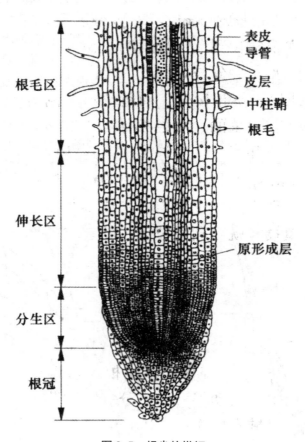

图 2-7　根尖的纵切

根据这些细胞分裂产生子细胞的发育方向，根尖细胞分裂分为两个类型：分化分裂（formative division）和增殖分裂（proliferative division）。分化分裂形成的两个子细胞具有不同的发育方向，一个保留分生细胞特征，另一个进入分化形成某种特定组织的细胞，如根尖分生区细胞。增殖分裂所形成的两个子细胞具有相同的发育方向，如根组织原细胞经过不断分裂所形成的子细胞是同类型细胞，最终形成条状组织结构。总之，分化分裂形成条状组织的基础，即组织原细胞；增殖分裂增加条状组织的细胞数目。分化分裂一般为平周分裂，而增殖分裂一般为垂周分裂。

四、茎的生长分化生理

茎的形态多种多样，不同植物往往存在较大差异。大多数植物的茎是辐射对称的圆柱形，这种形态最适宜于担负支持和输导功能。有些植物的茎外形发生了变化，如莎草科植物的茎为三棱形，唇形科植物的茎为四棱形，芹菜为多棱形，仙人掌科植物的茎有多棱柱形、扁形等。这些形态对于加强机械支持，行使特殊功能有适应意义。茎的长短、大小也有很大差异，最高大的茎可达 100m 以上，短小的茎看起来就像没有一样，如蒲公英和车前的茎。

茎与根的区别也就是茎的显著特征，主要表现为以下两点。

第一，茎有节和节间之分。茎上着生叶的部位，称为节（node），相邻两个节之间的部分称为节间（internode），如图 2-8 所示。有些植物如玉米、竹子、高粱、甘蔗等茎的节非常明显，形成不同颜色的环。有的植物如莲地下变态茎的节明显下凹，但一般植物的节只是在叶柄着生处略为突起，其他部分表面没有特殊结构。

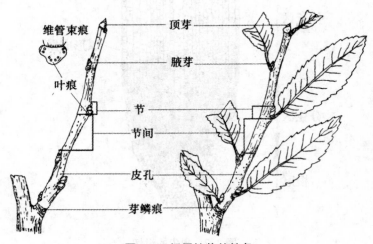

图 2-8　栎属植物的枝条

　　第二,叶子长在茎上,叶腋和茎顶端长出了芽。枝条就是含有叶和芽的茎。节间长短受枝条伸长情况的影响。有些植物节间很长,如瓜类植物;而有些则很短,如蒲公英,所以也叫莲座状植物;同一种植物的枝条也会有节间长短不同的情况,节间较长的称为长枝(10ng shoot),较短的称为短枝(short shoot),如图2-9所示,如苹果的长枝,节上只长叶,称为营养枝,而苹果的短枝,节上着生花或果实,称为花枝或果枝。

　　木本植物的枝条,其叶片脱落后留下的痕迹称为叶痕(1eaf scar),不同植物的叶痕形状和大小各不相同。在叶痕内,还可看到叶柄和枝内维管束断离后留下的痕迹称维管束痕,简称束痕(bundle scar)。在不同植物中,束痕的形状、束数和排列方式也不同。同样将小枝脱落后留下的痕迹称为枝痕。有些植物的茎还长着牙鳞痕(bud scale scar),当鳞芽伸展时,表面的鳞片就会脱落,所以留下了牙鳞痕。判断枝条年龄时就可以观察牙鳞痕。有些植物的茎表面上有不同形状的裂缝,这其实是皮孔,皮孔主要供植物交换气体,不同植物的皮孔形态、大小、分布等各不相同,所以在辨别落叶乔木和灌木的冬枝时,可以依据这些形态特点。

图2-9　长枝和短枝

1.银杏的长枝;2.银杏的短枝;3.苹果的长枝;4.苹果的短枝

茎尖结构要比根尖复杂，茎尖上产生许多侧生结构，如叶原基、芽原基等，而且随发育阶段不同，营养生长状态的茎尖可以转变为生殖生长状态。叶原基、侧芽原基及花茎上的花器官原基的原细胞都是从原套和原体细胞分裂而来的。茎尖顶端分生组织又根据细胞分裂速度、分裂方向、体积大小及液泡化水平等组织细胞学特性分为若干组织细胞学分区。顶端分生组织的中央为中央区（中央母细胞）。原套和原体的原始细胞向四周分裂衍生的细胞形成周缘分生组织区。叶原基由周缘分生组织细胞分裂形成。原体的原始细胞（中央母细胞）向中央形成肋状分生组织（髓分生组织）。肋状分生组织分裂分化形成茎的内部组织。茎的分生组织根据发育来源、所分化形成的器官类型分为若干种类。营养分生组织具有无限生长的属性，只要环境条件许可，营养分生组织可以不断地分化产生叶片、腋芽和茎节。营养分生组织在植物被成花诱导后转化为成花分生组织。成花分生组织细胞分裂形成的是各种花器官原基。成花分生组织的生长是有限的，一旦形成，就会失去分生组织的活性。但许多植物先形成所谓的花序分生组织，花序分生组织形成苞叶，并在苞叶叶腋处形成花芽。根据植物种类，花序分生组织的生长属性可以是有限的，也可以是无限的。

五、叶的生长分化生理

叶由叶原基（leaf primordium）发育而成。生长锥侧面的表皮和表皮内的几层分生组织细胞分裂就形成了叶原基。叶原基的下部发育成托叶，上部发育成叶片和叶柄，如图 2-10 所示。托叶生长比较快，短时间内就可以成为雏形托叶，保护叶原基上部。叶原基上部会先分化出叶片，这在芽内已经基本形成，芽内叶片形态后期会形成叶柄，有时芽内叶片展开才能看到叶柄，然后会随着幼叶片的展开而伸长。

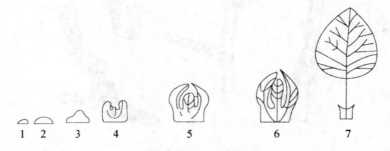

图 2-10 完全叶形成过程图解

1，2- 叶原基的形成；3- 叶原基分化为上下两部分；4 ~ 6- 托叶原基与幼叶形成；7- 成熟的完全叶

被子植物叶的发育是从茎的顶端分生组织开始的，这一起点周围的细胞分裂形成叶原基。刚开始时，叶原基的所有细胞还没有分化，只是一团分生组织细胞，然后不断发育成初生分生组织，在分裂的过程中不断分化，然后形成成熟的叶子，这是叶子最初的结构形态。叶子的生长是有限的。

当植物茎尖生长十分活跃时，可以看到不同形态的叶原基和幼叶。这些叶原基和幼叶就记录了叶的发育过程，如图 2-11 所示。首先茎端会出现对称的轴状叶原基；其次叶原基的底部会向两边扩展，覆盖在茎上，形成叶基；最后叶原基上部的细胞沿原基的两侧分裂，形成叶片，叶原基的下部发育成叶柄。当叶原基伸长到一定阶段后，叶原基上部在中脉两侧的分生组织细胞开始分裂，表层细胞垂周分裂，表层下的细胞平周分裂和垂周分裂交替进行，形成叶片特定的细胞层和特有的扁平结构。叶片基部较宽向上渐尖的形态特点与两侧细胞分裂的速率不同有关，两侧细胞分裂的速率从基部向顶部逐渐降低，最后由顶部向基细胞分化成熟。叶原基的下部没有这种分生组织的活动，细胞分化成熟后形成叶柄。

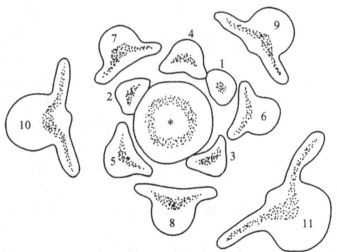

图 2-11　茎尖的横切面图解（按数字顺序依次表示由小到大的叶原基与幼叶）

茎顶端分生组织表面的 L1 层形成叶的表皮，L2 层形成叶片边缘的叶肉细胞，L2 层和 L3 层生长出叶片中央部分的叶肉细胞。也就是说，叶片中央部分的栅栏组织，表皮下和叶片边缘的海绵组织都来源于 L2 层，中脉的维管组织和叶片中部的海绵组织均起源于 L3 层。在一种植物中叶肉细胞的层数基本是恒定的，叶片层数的增加是表皮下细胞平周分裂的结果，平周分裂达到一种植物固有的层数后，以后细胞只进行垂周分裂，增加叶面积，而叶片细胞层数不变。

当叶片达到一定的面积时，叶肉细胞就开始分化。未来形成栅栏组织的细胞垂直向四周展开，同时进行分裂；海绵组织的细胞也会有分裂，但比栅栏组织少，且直径是相同的。随着栅栏组织细胞的不断分裂，邻近的表皮细胞就会停止分裂，体积增大，这样1个表皮细胞上就会同时存在好几个栅栏细胞。栅栏组织细胞分裂所需的时间是最长的，当分裂结束后，栅栏细胞就会沿着四周分离开，这种分离与胞间隙的形成是有关系的。相比于栅栏组织，海绵组织细胞的分离更早，同时细胞会局部生长，能够发育出分支的海绵组织细胞。

维管组织的发育从处于原基阶段的原形成层分化开始，轴状叶原基中的原形成层分化与茎上的叶迹原形成层是连续的。叶原基上部的原形成层将来发育成主脉维管束，与叶原基下部形成叶柄的维管束相连。各级侧脉则从正在分裂的叶片分生组织所衍生的细胞中发生，较大的侧脉原形成层先发生，较小的侧脉原形成层发生晚于较大的侧脉。当叶片细胞在分裂时，就会不断地形成新的维管束原形成层，但是在早期形成的叶片基本组织中，产生新原形成层束的能力可以被长时间保留。一般情况下，小脉产生时，形成层中的细胞要比大脉少，最小脉可能只有1列细胞。原形成层的分化是不间断的，因为早期和后期形成的原形成层束是连在一起的。然后原形成层细胞分化，就形成了维管束。韧皮部细胞分化成熟的方向很像原形成层，木质部是最早分化成熟的，但它具有独立性，后来随着新原形成层的形成，分化出新的木质部，最后形成连续的部分。双子叶植物叶的主脉维管束细胞纵向分化，朝向顶部，一开始是在叶基部，然后顺着叶尖的方向生长，一级侧脉从中脉向边缘发育，几个体积相等的叶脉在具平行脉的叶中向顶部发育。单子叶和双子叶植物都在大脉中间生长出小脉，通常从叶尖向叶基发育。

和根、茎的发育不同，叶的发育不会保留原分生组织形成的生长锥，而是全部组织都发育成叶的成熟结构，所以叶的生长是有限生长，达到一定大小后就不再继续生长，如图2-12所示为烟草叶的发育。

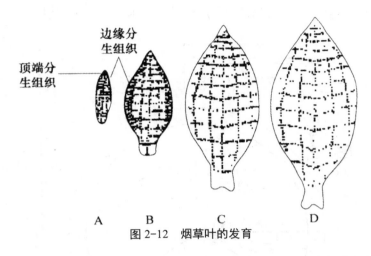

图 2-12　烟草叶的发育

A，B. 芽内的顶端生长和边缘生长；C，D. 芽外的居间生长（方格为添加标记，示近似平均生长）

第二节　植物的生殖阶段及其生理分析

一、细胞的生长和分化生理

植物组织、器官乃至整体的生长发育以细胞生长为基础。细胞的生长包括细胞分裂，增加细胞数目和细胞扩大，增加体积。当细胞停止增大时，细胞分化出具有一定结构和功能的组织、器官。通常细胞发育分为细胞分裂期、细胞生长期和细胞分化期。

（一）细胞分裂期

植物根和茎的顶端分生组织细胞及侧生分生组织（形成层）细胞处在不断分裂的过程中。处于分裂阶段的分生细胞，原生质稠密，细胞体积小，细胞核大，无液泡或小而少，细胞壁薄，合成代谢旺盛，束缚水/自由水比值较大，细胞亲水力高。这些分生细胞长到一定阶段要发生分裂，形成两个新细胞。通常把母细胞分裂结束形成子细胞到下一次细胞再分裂成两个子细胞之间的时期称为细胞周期（cell cycle）。细胞周期包括分裂间期（interphase）和分裂期（mitotic stage，M 期）两个阶段（图 2-13）。分裂间期可分为 DNA 复制前期（G_1 期）、DNA 复制期（S 期）和 DNA 复制完成到有丝分裂开始之

前的 G_2 期。有丝分裂期（M 期）可分为前期、中期、后期、末期。

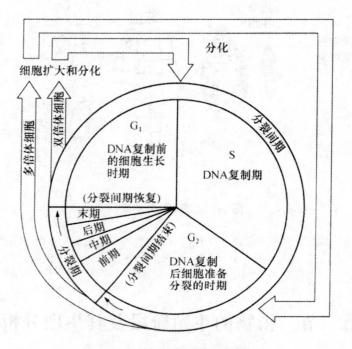

图 2-13　细胞周期示意图

在细胞周期进行过程中，发生了极为复杂的生理生化变化，其中最显著的变化是核酸和蛋白质含量的变化，尤其是 DNA 含量的变化。分析图 2-14，可以发现分裂间期的前期，单个细胞核中包含的 DNA 数量相对较低，但是，发展到中期的时候，可以发现单个细胞核中的 DNA 含量快速增加，而此时单个细胞核体积也快速增加。在细胞核的体积增加到最大程度的一半时，细胞有丝分裂开始。分裂期中期，分裂完成细胞核由原来的一个变成了两个，这时，受到分裂的影响细，胞核中的 DNA 数量有了明显降低。

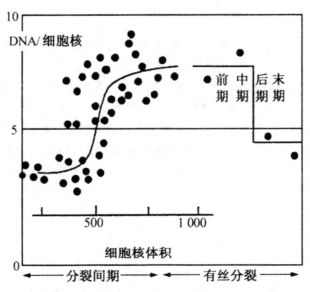

图 2-14 洋葱根尖分生组织每个细胞的 DNA 含量

细胞核体积以 μm³ 表示，DNA 含量是相对量

此外，细胞周期及各个分期的长短，因植物种类和所处的条件不同而异。温度可通过影响酶的活性和生化反应的速率而影响细胞分裂的速率，如向日葵根端细胞的细胞周期（表 2-1），在一定温度范围内，温度越高，细胞周期及各个分期越短；温度越低，细胞周期及各个分期越长。

表 2-1 温度对向日葵根端细胞的细胞周期及各个分期长短的影响

温度 /℃	所需时间 /h				
	全周期	G_1	S	G_2	分裂期
10	46.4	14.8	22.3	4.9	4.4
15	23.2	6.8	11.8	2.9	1.7
20	12.5	3.8	6.1	1.6	1.0
25	7.8	1.2	4.5	1.5	0.6
30	6.3	0.4	4.3	1.1	0.5
35	6.4	0.8	4.0	1.1	0.5

（二）细胞的生长期

分生组织中，大部分细胞不具备分裂能力，此类细胞会逐渐步入生长期。在细胞生长的过程中，其体积也会随着增加，增加的具体变化是：细胞壁有所增长，细胞中的原生质有所增加。分生组织细胞皆为薄壁细胞，分裂后形成的子细胞开始生长时，即为初生壁的形成期，随着细胞生长，细胞壁各种成分的含量显著增加（图2-15），原生质的含量也显著增加，包括核酸、蛋白质等的合成加强。由分生组织形成的新细胞，没有液泡，进入生长阶段后，细胞中出现小液泡，然后小液泡逐渐增大并合并成一个大液泡。细胞形成液泡后，可进行渗透性吸水，随着水分的进入，细胞体积显著增大。

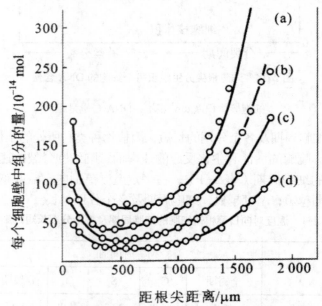

图 2-15　距洋葱根尖不同距离细胞的细胞壁组分含量

（a）果胶质；（b）半纤维素；（e）非纤维多糖；（d）纤维素

生长期细胞在大量吸水、体积增大过程中，液泡的渗透势变化不大，这主要是因为大量可溶糖、矿质元素和有机酸等进入液泡，使渗透势保持稳定；同时由于细胞壁可塑性增加，使细胞压力势降低，也导致细胞保持较低的水势，因此生长期的细胞有较强的吸水能力。在细胞生长期，如果水分不足，那么细胞生长就会减慢。

植物激素对细胞生长具有重要的调节作用，IAA 和 GA 能明显促进细胞生长。ABA 和 ETH 则起着抑制细胞生长的作用。

（三）细胞分化期

细胞分化（cell differentiation）是指由分生组织细胞转变为形态结构和生理功能不同的细胞群的过程。进入分化期的细胞在形态、结构与生理功能等方面发生明显变化，因而形成了执行不同功能的各种组织细胞。所以，以细胞分化为基础，个体发育才能完成。无论是细胞分裂还是细胞分化，都需要遵循发展规律。对细胞分化过程进行实质分析，可以发现是基因遵循固定程序、固定规律，在此基础上完成的选择性活化或选择性阻遏。换句话说，就是在基因有选择性地表达之后，细胞分化得以完成。

细胞分化既受到遗传基因的控制，又受环境因素的影响。虽然对控制分化的详细机理了解得很少，但已清楚以下因素会对细胞分化起作用。

1. 极性是细胞分化的前提

极性（polarity）是指植物器官、组织、细胞在形态学、生化组成及生理特性上的差异，由于极性的存在，使细胞发生不均等分裂的现象。植物的极性在受精卵中既已形成，受精卵的第一次分裂就表现为不对称分裂，形成一个基细胞和一个顶细胞，基细胞进一步分化成幼根原基，而顶细胞则进一步分化成茎的生长点。可见，极性的建立会引发不对称分裂，使两个子细胞的大小和内含物不等，由此引起分裂细胞的分化。极性是分化的第一步，没有极性就没有分化。

以荠菜胚发育为例（图 2-16），受精卵的不对称分裂会产生大小不等的两个细胞，靠近珠孔端的细胞大，将来发育成为胚柄，其对侧的细胞小，将来形成胚。胚细胞和胚柄细胞在形态、功能方面差异很大：胚柄细胞大且液泡化，能合成营养物质和 GA 等激素，并运至胚细胞，供胚发育所需。胚柄细胞通常在胚发育后消亡。而胚细胞的细胞质浓，能持续进行分裂与分化。胚细胞也有极性，经分裂分化后，与胚柄相对的一端形成子叶和胚芽，而近胚柄的一端则形成胚根。

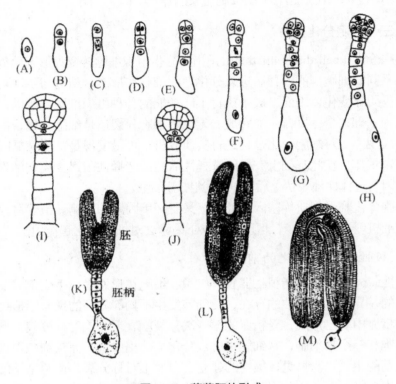

图 2-16　荠菜胚的形成

（A）～（B）受精卵的第一次不均等分裂；（C）～（H）胚与胚柄的形成；（I）球状胚；
（J）～（K）由于球状胚近胚柄处的胚细胞垂周分裂，形成心形胚，出现叶和根的分化，
近胚柄侧形成胚根；（L）鱼雷形胚；（M）成熟胚，具有子叶、胚根、胚芽，胚内有维
管束

　　再如根的表皮细胞经不对称分裂，产生的大细胞仍为表皮细胞，而小细
胞则分化为根毛；禾本科植物气孔保卫细胞与副卫细胞的产生，也是由于核
偏向，引起不均等分裂的结果（图 2-17）。

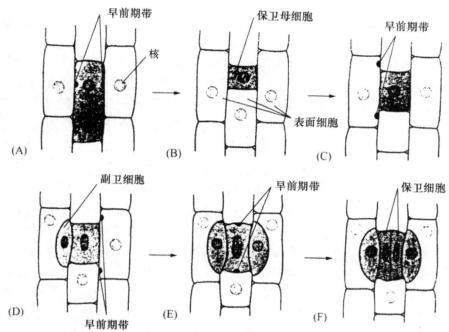

图 2-17　产生带有两个保卫细胞的气孔器分裂过程（引自 Taiz 和 Zeiger，1998）

（A）在三列表皮细胞中，处在中间的细胞核向上方移动，被那里的早前期带所围绕；（B）中间的细胞不对称分裂，细胞板在有早前期带的位置与原细胞壁融合，产生一个大细胞和一个小细胞，小细胞为保卫母细胞；（C）~（D）两侧表皮细胞中的细胞核迁移到靠近保卫母细胞的位置上，由微管组成的早前期带正确地预示了在形成副卫细胞的高度不对称分裂过程中细胞板与母细胞壁融合的位置；（E）在保卫母细胞中出现平行于叶轴的早前期带；（F）保卫细胞在早前期带组成的面上纵向对称分裂产生两个保卫细胞

2. 植物激素在细胞分化中的作用

植物激素对细胞分化有重要作用。在植物组织培养中，由愈伤组织分化为根和芽，是由细胞分裂素与生长素含量的比值决定的。CTK/IAA 比值低时，促进根的形成；CTK/IAA 比值高时，促进芽的形成；两种激素含量相当时，则愈伤组织不分化，继续形成新的愈伤组织。此外，植物激素在维管组织分化中起着重要作用。

值得注意的是，不同植物或植物的不同组织在被诱导分化时，对激素的种类和浓度有不同的要求。例如，在一般情况下，进行胚状体诱导时，应降低（或除去）生长素类激素，特别是 2，4-D 的浓度。烟草、水稻可在无激素的培养基中分化出胚状体，而小麦、石刁柏、颠茄则要在适当浓度的生长素和较高浓度的激动素时才能分化出胚状体。这就说明激素可能在不同的细胞或组织中以不同的方式起作用。

二、开花

开花指的是雌蕊中的胚囊发展成熟、雄蕊中的花药发展成熟之后，花萼和花冠打开，将花的雄蕊部分、雌蕊部分展露出来，准备接受传粉的过程。但是，也有一部分植物比较特殊，它的传粉发生在开花之前，有的植物甚至会在开花之前直接完成受精这一过程，此种现象在生物学上叫作闭花受精，一般出现在闭花传粉植物的生长过程中。开花的外部形态标志是：雄蕊花丝直立，花药呈现该植物特有的颜色；雌蕊柱头如为湿柱头则分泌黏液，如柱头是分裂成几片的则裂片张开，如柱头上有腺毛，则腺毛突起以便接受花粉。

各种植物的开花习性不同，反映在开花年龄、开花季节、开花期的长短以及一朵花开放的具体时间和开放持续时间等方面，但都各有一定的规律。

通常情况下，一年生植物和二年生植物开花比较早，生长发育几个月之后，就会迎来成长过程中的唯一一次开花期。开花之后，结出果实，植物就会枯萎凋谢。但是，多年生植物不同，它们生长到开花年龄之后每年都会定时开花，生长过程中有多次花期。但是，不同植物开花，年龄有较大的不同。比如，桃属植物通常是三到五年到达开花年龄；桦属植物通常是 10 年到 12 年到达开花年龄。除此之外，也有一些多年生植物，只有一次花期，如竹子，它在开过一次花之后就会凋谢死亡。通常情况下，植物是先有叶子后开花，但是，也有一些是先开花后有叶子，如，玉兰、腊梅。大部分植物会在早春季节开花，但是也有一些植物的开花季节和其他植物不同，如腊梅会在冬天开花。正常情况下，植物多数选择白天开花，但是，也有特例的存在，如晚香玉会在晚上开花。不同植物花期长度存在较大的不同，有一些只开几天，有一些可能会持续开放多达两个月。有的植物是在盛开之后一次性凋零，有的植物是循序渐进地慢慢开花。除此之外，还有一些植物开花时间长达一年，如热带植物柠檬。植物开花，一般情况下受到植物原产地生活条件的影响，也有一些植物在发展进化的过程中为了适应环境变化而改变了花期。但在某种程度上也受生态条件的影响，如纬度、海拔高度、气温、光照、湿度、营养状况等的变化都可能引起植物开花的提早或推迟。植物开花之后，通常情况下，雄蕊和雌蕊已经发展成熟，雄蕊负责在开花之后散播花粉，雄蕊散播的花粉是有生命特征的细胞，如果外在温度条件、湿度条件适合，那么花粉细胞可以在一定时期内具备一定的萌发力。但是，如果外界温度较高，或者外界环境较为干旱，那么花粉原有的生活力可能会受到不良影响。因此，如果植物开花期间环境出现了恶劣变化，那么往往会减产。

掌握植物开花的习性及开花的条件，在林木、果树栽培和杂交育种实践中具有重要的意义，可以控制花期及选择最适宜的时期进行人工授粉。

对于观赏花卉的应用，开花习性有极重要的价值。除按自然花期开花外，还可以进一步研究催、延花期，进而达到提早和推迟及延长花期为目的。

三、传粉

传粉指的是雄蕊的花粉囊散播花粉之后，花粉被其他媒介携带传播到花的柱头上的过程。有性生殖的完成离不开传粉环节，如果传粉环节不存在，那么受精无法完成。植物有性生殖依赖的卵细胞位于植物的胚囊当中，胚囊处于植物子房的内部，在这样的情况下，雄蕊生产的包含雄配子的花粉必须借助其他中介的作用，到达植物的子房部位，如此，才能完成有性生殖。

在柱头分泌物质的作用下，花粉才能萌发。通常情况下，柱头需要接触花粉才能刺激花粉，让花粉自然而然地完成萌发过程。柱头在刺激花粉的时候会有选择性地挑选适合的、需要的植物花粉，只有当花粉的性质和柱头需要的花粉性质相吻合、相接近的情况下，花粉才会受到刺激，完成萌发。而其他类型的花粉不会受到柱头的刺激作用。在传粉过程中，柱头接触到的花粉多种多样，所以，受精过程能够获得的结果也多种多样。也就是说，在传粉性质有差异的情况下，受精形成的新生一代就会产生不同的特性，对环境的适应能力、自身的生命力可能有强有弱。在这样的情况下，植物遗传、植物变异就会受到直接影响。

（一）传粉方式

自然界中普遍存在两种传粉方式，一是种自花传粉（self-pollination），另一是种异花传粉（cross pollination）。

1. 自花传粉

雄性花蕊释放出花粉之后，如果花粉又落回到该花的柱头上，那么此过程就叫作自花传粉。自花传粉的植物比较多，如大麦、番茄、小麦、豌豆等都属于自花传粉植物。除此之外，农林生产过程中有两种情况也叫作自花传粉：首先，在相同的一片林子中不同花之间的传粉；其次，相同品种的果树之间的传粉。

自花传粉植物需要满足以下条件：首先，花是两性花，雄蕊和雌蕊一般情况下长在一起，距离比较近，这样花粉才能更容易地落回本花的柱头；其次，雄蕊花药和雌蕊胚囊成熟时间需要一致；最后，雌蕊柱头不会阻碍和抑制本花花粉萌发过程、雄配子发育过程。

自花传粉中比较典型的传粉方式是闭花传粉及闭花受精。这种传粉方式和普通的开花传粉方式存在本质区别。闭花传粉，植物不需要等待植物开花就可以完成传粉和受精。花粉不需要借助其他中介传播到雌蕊，直接从雄性花蕊的花粉囊中穿透出来转移到柱头上，如此一来，受精过程在开花之前提前完成。分析这一过程可以发现，其实传粉环节实际上是不存在的。闭花受精是合理的自然现象，如果外在条件不允许，环境相对恶劣，那么植物就可以选择闭花受精的方式生殖繁衍。而且，此种方式避免了花粉的损耗。

2. 异花传粉

异花传粉指的是某一朵花雄蕊散播的花粉传到了其他花的柱头上的过程。除此之外，在果树栽培的过程中，如果花粉在不同的品种间或在不同的植株间完成了传播，那么也可以叫作异花传粉。使用异花传粉方式的植物和花有相对独特的结构特点、生理特点，也正是因为这些特点，植物和花没有办法进行自花传粉。具体来讲，特点体现在以下方面：首先，需要具备花单性特点，并且植物需要是雌雄异株的植物。其次，是两性花，且雄蕊成熟时间和雌蕊成熟时间需要不一致。但是，有的植物是雄蕊先成熟，有的植物是雌蕊先成熟，比如，玉米是雄蕊率先成熟，而甜菜则是雌蕊率先成熟。再次，雌蕊和雄蕊必须生长在不同的位置，而且不能符合自花传粉的条件。最后，本花的柱头不能为花粉的萌发提供完全的支持，才能避免自发受精。

异花传粉是植物界中相对普遍的现象，是自花传粉在发展过程中的进化表现。如果植物一直长期使用自花传粉的方式，那么植物的生长会受到不良影响，而且培育出的后代生命力水平会越来越低。如小麦，如果一直放任小麦使用自花传粉的方式，那么大概30年之后，小麦将不具备任何的栽培价值。除了小麦之外，大豆在长期自花传粉的情况下也会失去栽培价值。但是，如果使用异花传粉的方式就可以避免上述情况的出现。异花传粉获得的后代生活力不会越来越低，而且，后代对环境的适应性会更强。达尔文长期坚持在农业生产实践中观察研究，最终确定自花传粉影响植物的健康发展，异花传粉有助于植物的健康发展。

分析自花传粉对植物的有害作用可以发现，其体现在参与受精过程的雄性配子和雌性配子是在相同环境下产生的，在没有经历过分化作用的情况下，二者之间的差别非常小。在这样的情况下，生成的后代没有办法更好地利用环境，没有办法保持生命力。但是，异花传粉不同，雄配子和雌配子形成的条件不同，二者在遗传性方面有较大的不同，此种情况下形成的后代适应性较强，生命力较强。

在进化的过程中，异花传粉的方式虽然已经形成，但是自花传粉这一原始方式也没有消失，这是因为一些植物更适合自花传粉的传粉形式。除此之外，还是因为自花传粉可以弥补异花传粉的不足。在媒介缺失、自然条件不利于异花传粉的情况下，植物可以依赖自花传粉的方式完成受精。

（二）风媒与虫媒

植物想要完成异花传粉，需要借助其他外力，这样，花粉才能传播到其他花朵的柱头上面。植物经常使用的传播外力有风力、鸟、昆虫及水。花依托的外力传粉方式不同，自身所形成的适应性结构就有所差异，举例来说：

1. 风媒花

依靠风力完成传粉的方式叫作风媒，需要使用风力散播花粉的花就是风媒花。研究表明，十分之一左右的被子植物依托风媒作为花粉传送方式。除此之外，很多的禾本科植物都是风媒植物。

风媒植物的花朵一般情况下是聚集在一起的，像稻穗一样。它们产生的花粉数量比较多，花粉质地相对轻盈，表面干燥光滑，容易借助风的力量散播到其他地区。通常情况下，风媒花的柱头相对较长，类似于羽毛，相对膨大，而且一般不会受到花朵的严密包裹，会生长到花朵外面，这样，就有了更多接触花粉的机会。大部分的风媒植物都会先开花后长叶，这样形成的花粉向外传送时就可以尽可能地避免受到叶子的阻挡，这更有利于花粉的传播。除此之外，风媒植物大部分是雌雄异株植物或雌雄异花植物，花的色泽不鲜艳，没有较为明显的气味特征。但是，这些并不是成为风媒植物必须具备的特点。

2. 虫媒花

依靠昆虫作为花粉传送媒介的传粉方式叫作虫媒。使用虫媒传粉的花就叫作虫媒花。大部分有花植物会使用昆虫传粉的方式。经常参与传粉的昆虫有蝇、蝶、蜂、蛾。这些昆虫生活在花丛当中，有的需要依赖花朵产卵，有的需要从花中采取食物。在与花朵接触的过程中，昆虫不可避免地会接触花粉，在来回移动的过程中，花粉就会被散播到各个地方。

使用昆虫作为传播媒介的花主要有以下特点：

虫媒花会借助气味吸引昆虫的关注。不同的植物有不同的气味特点，因此吸引来的昆虫也有差异。有些昆虫喜欢芳香，有些昆虫喜欢恶臭气味。大部分的虫媒花都能生产蜜汁，虫媒花分布着很多的蜜腺，蜜腺分泌花蜜之后，如果花蜜以裸露的方式暴露在空气当中，那么，通常情况下会吸引蝇、甲虫、蜜蜂等昆虫；如果花蜜隐藏在花冠当中，那么，通常情况下吸引的是长吻蝶类、蛾类。昆虫采取花蜜的过程中，不可避免地会沾上花粉。花粉可以借助昆虫的移动散播到其他地方。一般情况下，虫媒花颜色艳丽，有浓厚的芳香气味或其他气味，而且可以借助蜜腺分泌花蜜。此外，虫媒花的花粉粒较大，外壁粗糙有纹饰，具有黏性，常黏集成块，不易被风吹散，而易于黏附在虫体上。同时，花粉粒富含多种营养物质，可作为昆虫的食物，这些色彩、气味、蜜汁及花粉粒的特殊结构均能招引某些昆虫来传粉。适应昆虫传粉的另一特点是白天开花的花多为红色、黄色等鲜艳的颜色；夜间开花的花多为白色，便于夜间活动的昆虫识别。虫媒花多为两性花，在有一定数量昆虫存在的条件下，两性花传粉机会较单性花多一倍。由于长期的互相适应，虫媒花的大小、结构和蜜腺的位置与昆虫的大小、形体、结构和行为之间产生了各种巧妙的关系，举例来说，马兜铃花，它的特点是雌蕊和雄蕊异熟，花筒较长、内部有斜着向下生长的倒毛，底部有蜜腺。马兜铃在散播传粉的时候，需要依赖小昆虫，小昆虫可以顺着倒毛到达花筒底部采取花蜜，顺带携带一些花粉，这样，随着昆虫的移动，花粉就会来到雌蕊柱头上面。在倒毛的作用下，昆虫没有办法快速爬出，一直要等到花药完全成熟，倒毛枯萎，昆虫才能爬出，才能传播花粉。这时，昆虫身上携带的花粉就会随着昆虫的移动转移到其他花朵的柱头上。没有授粉之前，马兜铃花保持直立状态，但是，授粉之后就会转变成倒垂状态。因此，有些虫媒花的形态和结构变得很奇特。自然界中，虫媒花和风媒花都不是绝对的，有些虫媒植物如椴树也可以借风力传送花粉，而风媒植物，如杨柳科的柳属植物，也逐渐演化为昆虫传粉。

（三）其他传粉途径

除了可以借助昆虫和风力之外，还可以使用其他的传粉途径，如生长在水中的被子植物会借助水力完成花粉传播，此种传播方式被人们叫作水媒。除此之外，还有借助鸟类传播花粉的植物，依托鸟类完成传粉过程的方式叫作鸟媒。一般情况下，参与传粉的都是体型较小的蜂鸟。蜂鸟的嘴相对细长，它们在获取花蜜的时候可以带动花粉传播。除此之外，一些其他的小型动物也能够帮助传粉，如蜗牛，但是，它们参与传粉的情况并不多见。

此外，在农业生产上，根据植物的传粉规律，人为地加以利用和控制，不仅可以提高作物的产量和品质，还可以培育新的品种，造福人类。农业生产过程中，如果人们发现外在的环境条件不利于异花传粉，比如，没有足够的风力支持传粉，没有足够的昆虫积极参与采蜜活动，没有办法帮助传粉，那么，植物完成传粉活动的概率就会降低，进而影响到受精概率，最终人类可能没有办法从农业生产活动中获得预想的果实产量。那么，此种情况下，人们通常会通过人工介入的方式参与植物授粉。人工参与的方式叫作人工辅助授粉。人工辅助授粉的目的是帮助植物克服外在环境的不良影响，保证传粉的有效，进而保证粮食生产可以达到预期效果。除此之外，如果遇到品种复壮的工作，那么人工也要积极进入。人工辅助授粉的优势在于可以让柱头获得更多数量的花粉，这样，柱头上面花粉中包含的激素数量就会提升。在激素数量增加的情况下，酶会产生更强烈的反应，花粉的萌发过程会受到有效推动，更容易受精。

四、受精

受精指的是植物的雄配子和雌配子结合变成合子的过程。这一过程是被子植物有性生殖过程的重要阶段。

（一）花粉粒的萌发

花粉萌发指的是花粉粒成熟，通过媒介的传粉作用接触柱头之后，花粉粒内壁借助外壁上面的萌发孔慢慢向外生长逐渐形成花粉管的过程。柱头并不会允许所有的花粉粒萌发，柱头会识别花粉壁蛋白，只有和植物相同或相似种类的花粉粒才能被识别，才能完成萌发过程。亲缘关系较远的异种花粉往往不能萌发。有些异花传粉植物的柱头，会抑制自花花粉粒萌发和花粉管生长，相反，对同种异株花粉萌发和花粉管生长，却有促进作用。花粉粒和柱头的相互识别或选择，具有重要的生物学意义。通过相互识别，防止遗传差异过大或过小的个体交配，是植物在长期进化过程中形成的一种维持种稳定的适应现象。

落在柱头上的花粉粒释放壁蛋白与柱头蛋白质薄膜相互作用，如果二者是亲和的，柱头则提供水分、糖类、胡萝卜素、各种酶和维生素及刺激花粉萌发生长的特殊物质，同时花粉粒就在柱头上吸收水分、分泌角质酶溶解柱头接触点上的角质层，花粉管得以进入花柱；如果二者不亲和，那么柱头乳头状突起随即产生胼胝质，阻碍花粉管进入，产生排斥和拒绝反应，花粉萌发和花粉管生长被抑制。此外，不同植物柱头的分泌物在成分和浓度上各不相同，特别是酚类物质的变化，对花粉萌发可以起到促进或抑制作用。

（二）花粉管的生长

通常一粒花粉萌发时产生一个花粉管，但有些多萌发孔（沟）的花粉，如锦葵科、葫芦科、桔梗科植物等，可以同时长出几个花粉管，但最终只有一个继续生长，其余的都在中途停止生长。花粉管具有顶端生长的特性，它的生长只限于前端 3 ～ 5μm 处，形成后能继续向下引伸，在角质酶、果胶酶等的作用下，穿越柱头组织的胞间隙，向花柱组织中生长。花粉管生长过程中，会获得花粉细胞中的所有内含物，内含物聚集在花粉管顶端，假设一共是 3 个细胞花粉粒，那么其中 1 个营养核及 2 个精子会聚集在花粉管顶端，如图 2-18 所示。通常情况下，花粉管到胚囊位置之后，营养细胞核会消失，也可能会留下一些残迹。

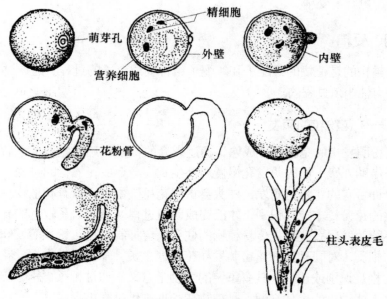

图 2-18　水稻花粉粒的萌发和花粉管的形成

　　花粉管通过花柱到达子房的生长途径有两种情况：一种是如果是空心花柱，那么花粉管一般会顺着管壁内部，与表面黏性分泌物一起向下生长，一直到子房位置；另一种是如果是实心花柱，那么花柱有特殊引导组织，花粉管会选择借助引导组织细胞间隙来到子房位置。在花粉管生长的过程中，一般会借助两个途径获取营养：首先，吸取花粉本身的营养物质，其次，吸取花柱道及引导组织中的分泌物。吸取营养物质是为了生长，为了生产管壁合成物质。

　　花粉管穿过花柱到达子房后，或者直接沿着子房内壁或经胎座继续生长，伸向胚珠，通常花粉管从珠孔经珠心进入胚囊，称为珠孔受精（porogamy）。也有些植物，如胡桃、漆树等，花粉管经过胚珠基部的合点端进入胚珠，然后沿胚囊壁外侧穿过珠心组织经珠孔进入胚囊，称合点受精（chalazogamy）。

此外，也有些植物从中部横穿过珠被进入胚珠，然后再经珠孔端进入胚囊，称为中部受精（mesogamy），如南瓜等。花粉管进入胚珠的方式如图2-19所示。

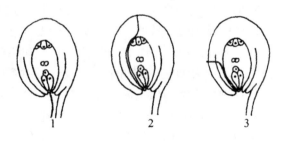

1. 珠孔受精；2. 合点受精；3. 中部受精

图 2-19　花粉管进入胚珠的方式

花粉管通过花柱到达子房，进入胚囊的道路虽因植物不同，但近年研究认为，都与助细胞有一定关系。用电子显微镜研究过的棉花、玉米、荠菜、矮牵牛等10多种植物中，花粉管进入胚囊的途径是一致的，即从一个助细胞丝状器基部进入，然后到达助细胞细胞质，因此，认为花粉管进入助细胞中是比较普遍的现象，助细胞的丝状器是吸引花粉管向胚囊生长的中心。

（三）被子植物的双受精

花粉管途径花柱到达子房，最终会进入胚珠，之后途径珠孔，生长到胚囊。如果胚珠的珠心组织较薄，那么，花粉管受到的阻力就会比较小，进入胚囊会更顺利；如果胚珠的珠心组织较厚，那么，花粉管受到的阻力就会比较大，进入胚囊要花费更多的时间。

植物不同时，花粉管进入胚囊的方式也有差异。有些植物会选择从卵细胞、助细胞之间的空隙进入胚囊；有些植物会先进入助细胞，之后到达胚囊；还有植物借助解体的助细胞到达胚囊；还有一些会选择先破坏助细胞，然后为自己的进入打通通路。花粉管到达胚囊位置之后，花粉管末端会出现一个小孔，小孔会将精子或者其他内容物吸进胚囊。两个精子进入囊胚之后，一个负责结合卵细胞，变为受精卵（也就是合子）；另一个负责结合中央细胞的两个极核（或者结合次生核），转化为初生胚乳核。两个精子分别结合卵细胞、中央细胞的过程就是双受精。双受精只会出现在被子植物的有性生殖过程中。

两个精子在进入胚囊之后，形态变化、生化特性变化并不完全一致。双受精过程中，其中一个精子需要接触卵细胞合点端的无壁区，接触之后，两细胞的质膜会出现融合现象，然后，精核进入卵细胞的细胞质，逐渐靠近卵核，无限接近之后，两核核膜会出现融合的现象，然后核质也会相融，最终，两个核仁会通过融合的形式变成一个。当只有一个核仁时，则说明卵细胞受精完成。受精卵出现，受精卵经过一段时间的发育就会变成胚。另一个精子需要结束中央细胞，整体来看，融合过程基本类似于精子和卵细胞的融合过程。有一部分精核受精之前，中央细胞中的两个极核没开始融合的时候，精核会先接触一个极核，并且融合，然后再接触另一极核，继续融合，如此会产生有三倍染色体的初生胚乳核，经过发育之后会变成胚乳。

双受精时，最开始融合的是精子与卵细胞，精子接触中央细胞之后，融合的时间更长一些，整体来看，融合完成得相对较慢。所以，从结果来看，反而是初生胚乳核更早形成。如棉花精卵融合需经 4 小时，而精细胞与两个极核的融合仅需 1 个小时；小麦的精卵融合需要 3.5 ~ 4.5 个小时，而精细胞与极核的融合仅需 1 ~ 2 个小时。

双受精完成后，合子即进入休眠期。在此期间，合子将发生一系列显著的变化，形成一个细胞壁连续的、高度极性化的和代谢强度很高的细胞。初生胚乳核通常只有短暂的休眠，如小麦、棉花，或没有休眠期，如水稻，即进入第一次分裂时期。胚囊中的助细胞和反足细胞，通常都相继解体消失。

受精过程中雌雄配子会相互影响、相互同化，然后形成合子。因为雌雄配子包含的遗传物质不同，此种情况下，形成的新物质就综合了雌雄配子两种遗传物质，新发育而成的物质会同时具备父本和母本的两种遗传特性，而且可以更好地适应环境。但是，也正是因为雌雄配子存在遗传方面的差异，所以，新创造出来的后代可能会显现出一些新的特征，这在一定程度上为生物进化提供了可能。

对于生物学来讲，被子植物的双受精极为特殊。它产生了三倍体胚乳，并且三倍体胚乳当中也包括父母双方具有的遗传特点。此种情况下生成的后代会显现出更明显的父母遗传特性，也会更适应环境变化，有更强的生命力。也正是因为双受精的存在，所以，被子植物种类最多，在世界范围内分布最广，在所有的植物种群中占有绝对优势。

第三节　植物的成熟与衰老阶段及其生理分析

　　植株受精后，胚珠发育成种子，子房发育成果实。种子和果实在形成过程中，不只是形态上发生了变化，生理上也发生了剧烈的变化。果实、种子的生长发育状况不仅严重影响下一代的生长发育，也决定了作物产量的高低和品质的好坏。植株其他器官也要经过成熟、衰老和脱落这一过程，且这些过程是相互影响的。因此掌握植物器官的成熟、衰老生理，对采取措施预防、调控植物成熟和衰老进程，提高果实、种子的产量品质，具有重要的理论和实践意义。

一、植物种子成熟及生理变化

　　种子成熟过程实质上是营养物质在种子中的转化和积累过程。种子成熟期间的物质变化，大体上和种子萌发时变化相反。植株营养器官的养料，以可溶性的低分子化合物状态（如蔗糖、氨基酸等形式）运往种子，逐渐转化为不溶性的高分子化合物（如淀粉、蛋白质和脂肪等），并且积累起来。同时，种子的呼吸作用、含水量和内源激素也会发生相应的变化。

（一）主要有机物质的变化

1. 糖类的变化

　　小麦、水稻、玉米等禾谷类作物的种子以贮藏淀粉为主，通常称为淀粉种子，种子中的淀粉来源于可溶性糖。淀粉种子在其成熟过程中，可溶性糖含量逐渐降低，而不溶性糖含量不断提高。禾谷类种子成熟过程中淀粉的积累，以乳熟期和蜡熟期最快。这类种子发育过程中，首先是大量光合产物以非还原糖（主要为蔗糖）和还原糖（果糖、葡萄糖等）可溶性游离糖形式从叶片输入种子，种子内淀粉合成酶活性升高，可溶性糖向淀粉转化，种子中的淀粉含量不断增加（图2-20）。小麦种子成熟时胚乳中的蔗糖、还原糖含量迅速减少，而淀粉的含量迅速增加，同时也可积累少量的蛋白质、脂肪和各种矿质元素等。

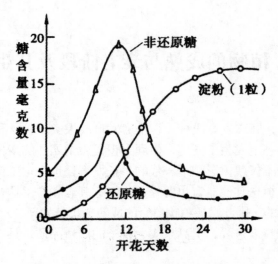

图 2-20　水稻种子成熟过程中糖分的变化

2. 脂肪的变化

脂肪种子在成熟时，先在种子内积累糖分（包括可溶性糖及淀粉），然后糖分转化为游离的饱和脂肪酸，最后形成不饱和脂肪酸。油料种子完成这些转化过程后才充分成熟。若种子未完全成熟就收获，则种子不仅含油量低，且油脂的质量也差。另外，在油料作物的种子中也含有由其他部位运来的氨基酸及酰胺合成的蛋白质。油料种子中常含较多的蛋白质，是由营养器官运来的氨基酸或酰胺合成的（图 2-21）。

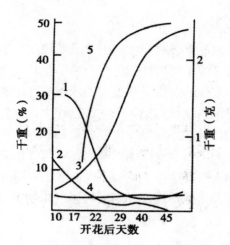

图 2-21　油菜种子成熟过程中物质的变化

1—可溶性糖；2—淀粉；3—千粒重；4—含氮物质；5—粗脂肪

3. 蛋白质的变化

蛋白质种子（如豆类种子）在其成熟过程中，首先是由叶片或其他营养器官的氮素以氨基酸或酰胺的形式运到荚果，在荚皮中，氨基酸或酰胺合成蛋白质暂时贮存，当种子快速发育时，又分解成酰胺，运入种子中形成氨基酸，最后再形成胚和贮藏在子叶中的蛋白质（图 2-22）。贮藏蛋白基本没有生理活性，主要为种子萌发时胚的生长提供氮素营养。

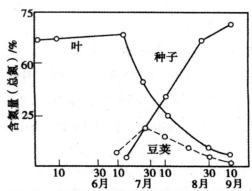

图 2-22　蚕豆中含氮物质由叶转移到豆荚再到种子的运输转化过程

（二）其他生理变化

1. 含水量降低

种子中有机物的合成是一个脱水过程，随着同化产物在种子细胞（主要是子叶和胚乳细胞）内的累积，种子的含水量降低，除胚细胞外，大部分细胞被贮藏物质充满。而种子成熟时，幼胚细胞具有浓厚的原生质而几乎无液泡，自由水含量极少。

2. 呼吸速率降低

种子成熟过程是有机物质合成与积累的过程，新陈代谢旺盛，呼吸作用也旺盛，种子接近成熟时，呼吸作用逐渐降低。在水稻谷粒成熟过程中，谷粒呼吸速率也发生显著变化，呈单峰曲线，水稻开花后 15d 内呼吸速率急剧上升，到第 15d 达到高峰以后逐渐下降（图 2-23），这个变化规律与淀粉等有机物积累有关。

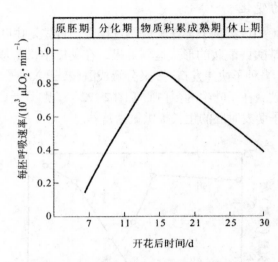

图 2-23　水稻胚发育过程中的呼吸速率

3. 内源激素的变化

种子成熟受多种激素调控，种子中的内源激素随种子发育进程而发生变化（图 2-24）。例如，玉米素在小麦受精之前含量很低，在受精末期达到最大值，然后减少；赤霉素在受精后 3 周达最大值，然后减少；生长素在收获前一周鲜重达最大值之前，达到最高峰，籽粒成熟时生长素基本消失。此外，脱落酸在籽粒成熟期含量大增。上述情况表明，小麦成熟过程中，首先出现的是玉米素，可能是调节籽粒建成和细胞分裂；其次是赤霉素和生长素，可能是调节光合产物向籽粒运输与积累；最后是脱落酸，可能控制籽粒的成熟与休眠。

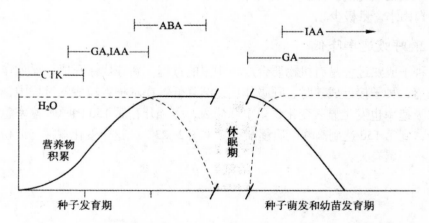

图 2-24　种子发育和种子萌发过程中内源激素、营养物质和水分动态变化

二、植物果实成熟及生理变化

果实的生长从受精到完全长成，是由果实细胞分裂、增大和同化产物积累使果实不断增大和增重的过程。果实生长停止后，会发生一系列生理生化变化，包括色、香、味的形成和硬度变化，达到可食状态，这个过程即果实的成熟过程。果实成熟过程实质上是果实的生长发育及其内部发生的一系列生理生化变化的过程。果实成熟有利于种子的传播，有利于物种的延续。果实的成熟也决定了作为食品的水果和蔬菜的质量和商品价值。研究果实的成熟规律，对调控果实的成熟过程和提高果实的品质，正确决定采收期、延长其贮藏时间等都具有重要意义。

果实的生长过程与植株的生长大周期一样，生长速率表现为"慢—快—慢"的节奏，呈明显的 S 形曲线。果实的生长大周期主要有两种生长模式：单 S 形生长曲线和双 S 形生长曲线（图 2-25）。

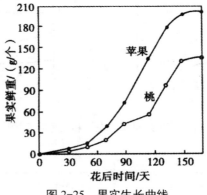

图 2-25　果实生长曲线

属于单 S 形生长模式的果实有苹果、梨、香蕉、板栗、核桃、石榴、柑橘、枇杷、菠萝、草莓、番茄、无籽葡萄等。这一类型的果实在开始生长时速度较慢，以后逐渐加快，达到高峰后又渐变慢，最后停止生长。

属于双 S 形生长模式的果实有桃、李、杏、梅、樱桃、有籽葡萄、柿、山楂和无花果等。这一类型的果实在生长中期出现一个缓慢生长期，表现出慢—快—慢—快—慢的生长节奏，一般是由于果皮或内部较大的种子和果核生长发育不一致导致。这个缓慢生长期是果肉暂时停止生长，而内果皮木质化、果核变硬和胚迅速发育的时期。果实第二次迅速增长的时期，主要是中果皮细胞的膨大和营养物质的大量积累。

（一）呼吸跃变和乙烯的释放

在细胞分裂迅速的幼果期，呼吸速率很高，当细胞分裂停止，果实体积增大时，呼吸速率逐渐降低，果实体积长成和进入成熟之前，呼吸又急剧升高，最后又下降。果实在成熟之前发生的这种呼吸突然升高的现象称为呼吸跃变或呼吸峰（respiratory climacteric，图2-26）。跃变型果实的生长及其呼吸进程图解如图2-27所示，呼吸跃变的出现标志着果实达到成熟可食的程度，也意味着果实即将进入衰老。

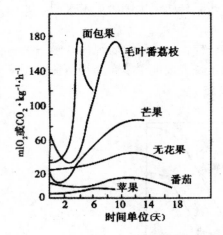 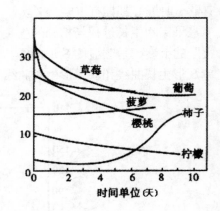

图 2-26　有呼吸高峰的果实（左）和无呼吸高峰果实（右）

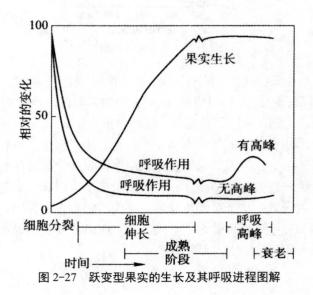

图 2-27　跃变型果实的生长及其呼吸进程图解

　　根据果实在成熟过程中是否出现呼吸跃变现象，可分为跃变型和非跃变型果实。跃变型果实有香蕉、梨、李、苹果、鳄梨、桃、猕猴桃、芒果、密瓜、番茄等；非跃变型果实有草莓、柑橘、葡萄、樱桃、柠檬、荔枝、菠萝等，这类果实在成熟期间没有明显的呼吸跃变。跃变型果实成熟较迅速，而非跃变型果实成熟较缓慢。

　　研究证明，呼吸跃变与果实成熟过程中乙烯的产生和积累有关，跃变型果实中乙烯量较多（图2-28），当达到一定浓度（约0.1ppm）时，便会产生呼吸跃变；而非跃变型果实在成熟期间乙烯含量变化不大。

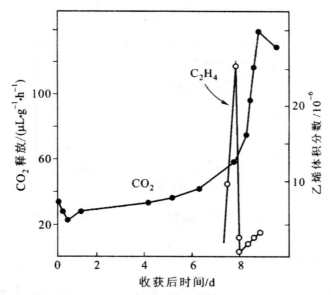

图2-28　香蕉跃变期乙烯产生与呼吸高峰的关系（引自 Taiz 和 Zeiger，2006）

　　跃变型果实和非跃变型果实的主要区别是，前者含有复杂的贮藏物质（淀粉或脂肪），在摘果后达到完全可食状态前，贮藏物质强烈水解，呼吸加强，而后者并不如此。在跃变型果实中，不同果实的呼吸跃变差异也很大。香蕉呼吸高峰值几乎是初始速率的10倍，淀粉水解过程很迅速，成熟也快；苹果呼吸高峰值是初始速率的2倍，淀粉水解较慢，成熟也慢一些（图2-29）。

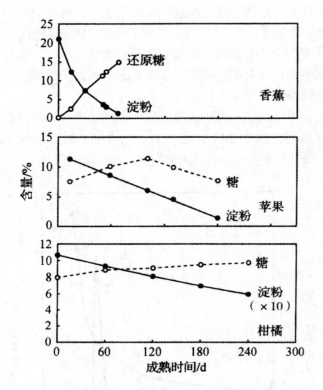

图 2-29　香蕉、苹果、柑橘在成熟过程中淀粉的水解作用

（二）硬度降低

果实成熟过程中，果肉细胞中先形成的是不溶性的淀粉，后转化为可溶性的糖，硬度变小；同时果肉细胞中果胶甲酯酶、多聚半乳糖醛酸酶、纤维素酶等水解酶含量逐渐升高，可催化分解构成细胞壁的高分子聚合物原果胶、纤维素等为可溶性果胶、果胶酸和半乳糖醛酸等，造成果肉细胞之间彼此连接减少，使果肉细胞相互之间可移动或分离变软，如桃、杏、柿、猕猴桃等变软程度明显。

（三）有机物的转化

1. 甜味增加

在果实未成熟前，从叶片运入的糖多转化为淀粉储于果肉细胞中，所以，幼果并无甜味。随着果实成熟，淀粉转化为可溶性的葡萄糖、果糖、蔗糖等并积累在细胞液中，使果实变甜。果实的甜度与糖的种类有关，如以蔗糖甜度为 1，则果糖为 1.03 ～ 1.5，葡萄糖为 0.49。例如，香蕉在果实成熟过程中，在 10 天左右的时间里，淀粉可由 20% ～ 25% 很快降低到 1%，而可溶性糖则升至 15% ～ 20%。一般日照时间长，昼夜温差大，降雨量较低的地区和年份，其果实含糖量高，品质好。

2. 酸味减少

未成熟的果实中，在果肉细胞的液泡中会积累很多有机酸。果实不同，所含有机酸的种类不同，便有其独特的风味，如柑橘、菠萝含柠檬酸，仁果类（苹果、梨）和核果类（如桃、李、杏、梅）含苹果酸，葡萄中含有酒石酸，番茄中含柠檬酸、苹果酸。有机酸可转化为糖或被呼吸消耗掉，还有一部分被细胞中的阳离子中和生成相应的盐，因此果实酸味明显降低。从图 2-30 可看出苹果成熟期中淀粉转化为糖及有机酸含量降低的情况。

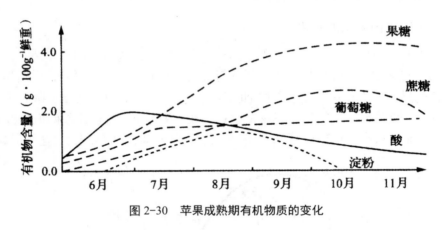

图 2-30　苹果成熟期有机物质的变化

3. 涩味消失

某些未成熟果实由于单宁等物质的存在而有涩味。单宁是一种酚类物质，单宁与口腔黏膜上的蛋白质作用，使人的口腔产生苦涩感和麻木感。随着果实的成熟，单宁在过氧化酶的催化下被氧化或形成不溶性物质，果实涩味消失。

4. 香味产生

果实成熟过程中会产生一些具有香味的挥发性物质，果实不同，挥发性物质不同，不同品种的果实就会产生各种特有的香味。挥发性香味物质多来源复杂，主要是一些酯、醛、醇、酮类小分子物质，如香蕉的特殊香味是乙酸乙酯，橘子的香味是柠檬醛，苹果是乙酸丁酯、乙酸乙酯等。

5. 色泽变艳

果皮中含叶绿素、类胡萝卜素和花色素三类色素。果实成熟前，由于存在大量叶绿素，果皮呈绿色；随着果实发育，叶绿素降解大于合成，逐渐减少，类胡萝卜素合成积累增加，果皮呈现黄色和橙色；而有些果实的液泡中积累了较多的花青素糖苷，由于pH的不同，花色素可呈现出红、紫、蓝等多种颜色。果实长大后，在阳光照射和较大的昼夜温差下，花色素的合成加强，使得果实向阳部分更加红润鲜艳。

6. 维生素含量增高

果实含有丰富的各类维生素，主要是维生素C（抗坏血酸）。不同果实维生素含量差异很大，以100g鲜重计算，番茄含维生素8 ~ 33mg，香蕉1 ~ 9mg，红辣椒128mg。

（四）内激素的变化

果实成熟期间，各种内源激素都有明显变化，生长素、细胞分裂素、赤霉素、脱落酸、乙烯都是有规律肝参与代谢反应的。例如，苹果、柑橘等果实在幼果期，生长素、赤霉素和细胞分裂素的含量高，以后逐渐下降，果实成熟时降到最低点；乙烯、脱落酸的含量则在后期逐渐上升。如苹果在成熟时，乙烯含量达最高峰（图2-31），而柑橘、葡萄在成熟时，脱落酸含量达到最高。

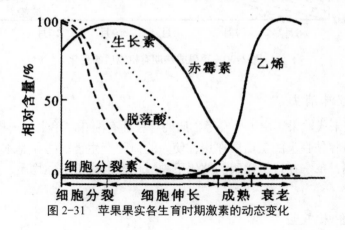

图2-31 苹果果实各生育时期激素的动态变化

三、植物衰老及生理变化

植物的衰老通常是指植物的器官或整个植株个体生理功能的衰退，是植物体生命周期的最后阶段。植物的衰老具有不同的表现形式：一、二年生植物在开花结果后，整个植株衰老死亡；多年生草本植物地上部分每年衰老死亡，但地下根系仍能存活多年；多年生落叶木本植物则发生季节性的叶片同步衰老脱落，进而脱落；多年生常绿木本植物叶片和繁殖器官渐次衰老脱落，但茎和根存活多年。衰老总是先于器官或植株的死亡，是植物生长发育的正常过程，不仅能使植物适应不良环境条件，还对物种进化起着重要作用，具有积极的生物学意义。

对植物体衰老的原因目前有多种假说，营养竞争假说认为植物营养体的衰老原因是营养体的营养物质被征调至生殖器官，进而营养体发生衰老。核酸损伤假说则认为植物体的衰老是由于植物体在生长代谢过程中核酸物质持续的不可修复的差误积累，当差误达到一定程度，植物体机能失常，因此出现衰老、死亡。而自由基假说解释衰老的原因是植物体代谢过程中必然产生的自由基对植物体细胞的损伤。此外，也有学说认为，植物体内或器官内各种激素相对水平的不平衡是引起衰老的原因。总之，不管是哪种学说，毫无疑问的是，衰老是植物体在外界环境条件影响下自身的一种有序调控过程。[①]

衰老过程中蛋白质代谢的总趋势是降解加速，蛋白质含量、mRNA 含量、DNA 含量显著下降，但也合成新的蛋白质，如蛋白水解酶、核酸水解酶等。衰老加剧脂类降解，参与脂肪降解过程的酶包括磷脂酶 D、磷脂酸磷酸酯酶、裂解酰基水解酶、脂氧化酶。

（一）植物内激素的变化

在植物衰老的过程中，植物内源激素会有明显变化。已知植物几类内源激素都与衰老有关。一般情况下，在植株或器官的衰老过程中，吲哚乙酸（IAA）、办霉素（GAs）和细胞分裂素（CTKs）含量逐步下降，而脱落酸（ABA）和乙烯（ETH）含量逐步增加。此外，叶片衰老过程中，会增加一些与水解酶、呼吸酶有关的 RNA 的合成，这些 RNA 可能具有调节衰老进程的作用。

（二）光合速率和呼吸速率下降

在衰老组织细胞中，发生了一系列生理生化变化，以叶片衰老为例，最明显的标志是叶片失去绿色而呈现出黄色、红色或褐色，即叶绿素降解，光合作用迅速下降。在叶片衰老过程中，线粒体的结构相对比叶绿体稳定，呼吸速率下降较光合速率慢，直到衰老后期线粒体膜才出现损伤。有些叶片衰老时，呼吸速率先迅速下降，后又急剧上升，再迅速下降，出现呼吸跃变现象。

---

① 郭振升．植物与植物生理［M］．重庆：重庆大学出版社，2014.

核酸总含量下降；蛋白质分解大于合成（图2-32）。大部分有机物和矿质元素从衰老部位向外撤退，转运到其他部位被再度利用。

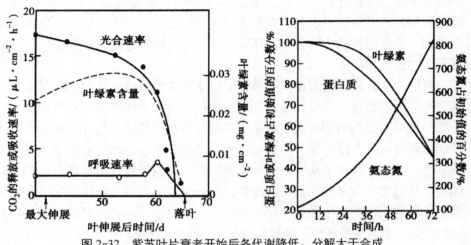

图2-32　紫苏叶片衰老开始后各代谢降低、分解大于合成

（三）生物膜结构变化

衰老时构成细胞的生物膜逐渐失去弹性，老化降解，由正常的液晶态衰老为凝胶相、混合相等（图2-33）；选择透性功能逐渐丧失，内容物发生渗漏，使植物体内各种代谢紊乱。膜的衰老是细胞衰老的诱因，而细胞衰老是植物组织器官衰老的基础。

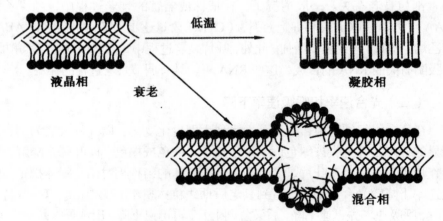

图2-33　生物膜相变示意图

第三章 植物的水分生理与合理灌溉应用

　　水和植物的生命活动是紧密联系的，没有水就没有生命，也就没有植物。最初的植物起源于水中，后来才从水生逐渐进化为陆生。水是植物的主要组成成分，其含量约占组织鲜重的 70% ~90%。生长中的幼叶含水量高达 90%；休眠的种子含水量非常低，生命活动的强弱会对含水量产生影响，有时组织的代谢强度也会影响含水量。风干的种子含水量为 10%~14%，生理活动十分微弱，甚至无法察觉，将种子放在水中，其生理活动会快速增强，直到完全恢复到风干前的状态。由此可见，水决定了种子的生理活动。

　　陆地上生长的植物需要源源不断地从土壤中吸收水分，使自身的含水量保持在正常范围。但是植物露出地面的部分，特别是叶子又会因为蒸腾作用而消耗水分，吸收和消耗是同时存在的，二者相互依赖。正因为有了这一过程，植物内部的水分不断在变化。植物吸收的水分只有少部分参与代谢，大部分用于补偿蒸腾散失的水分。不停地吸收水分、运输、利用、散失正是植物正常的生理活动。研究植物水分代谢（ Water metabolism ）有助于深入了解植物的各种生命活动。[①]

---

① 郝再彬，徐仲，苍晶等．植物生理生化 [M]．哈尔滨：哈尔滨出版社， 2002.

第一节　植物细胞对水分的吸收

一、植物体内水的含量及作用

（一）植物体内水的含量

不同的植物含水量有很大区别。例如，生长在水中的植物含水量非常高，超过90%，而干旱地区的植物含水量可以低至6%；草本植物含水量高于木本植物，为70%～85%。环境对植物含水量的影响非常大，不同环境中的同种植物含水量也不一样。潮湿阴暗环境下生长的植物含水量高于阳光充足环境下生长植物的含水量；同一植物的不同器官和组织含水量也有区别，生长旺盛的部位如幼苗、根尖等含水量较高，为70%~90%，树干含水量为40%~50%，休眠芽约为40%，风干种子含水量最高只有14%。即使是同一器官，生理年龄不同，含水量也有区别。幼年时期的组织和器官含水量明显高于衰老的组织和器官。

在植物的生命活动过程中，水起到很大的作用，水分含量是植物生长的重要影响因素，此外水的存在状态也会对植物生长产生重大影响。植物细胞中的原生质、膜系统和细胞壁是由多种大分子组成的，包括蛋白质、核酸、纤维素等，这些大分子中亲水基的含量很高，而亲水基又极具亲和力，能够在表面吸附很多水分子，这种称为水合作用（hydration）。水分在植物细胞内通常呈束缚水和自由水两种状态（图3-1）。

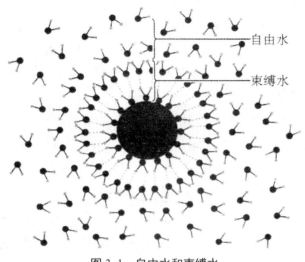

自由水

束缚水

图 3-1　自由水和束缚水

束缚水是指被原生质胶体颗粒紧密吸附的或存在于大分子结构空间的水。它们无法在体内移动，不能作为溶剂，也不参与代谢，与植物抗逆性关系密切。自由水是具有溶剂作用的水，不会被原生质胶粒吸附，可以在内部自由活动。很多代谢活动都离不开自由水的参与，植物的代谢强度也是由自由水的数量决定的。束缚水和自由水并没有明确的划分界限。

植物细胞内的水分存在状态不断在变化，自由水和束缚水的比例会随着代谢的变化而变化。在植物代谢时，自由水可直接参与其中。如果自由水含量高，那么原生质会处于溶胶状态，此时代谢活动会比较旺盛，植物生长迅速，但适应环境能力会变差。如果自由水含量较低，那么原生质胶体则是凝固状态，代谢活动和植物生长都会变慢，但植物适应环境的能力会增强。例如，越冬植物组织内的自由水和束缚水比值降低时，束缚水含量就比较高，作物生长极慢，但抗寒性很强；休眠种子里所含的水基本上是束缚水，以至不表现出明显的生理代谢活动，其抗逆性也很强。

（二）植物体内水的作用

1. 水分是植物细胞原生质的主要成分

植物细胞原生质的含水量一般为 70% ~ 90%，呈溶胶状态，代谢作用可以正常进行，如根尖、茎尖等一些代谢活跃的组织，其含水量常在 90% 以上。若含水量较低，则原生质就可能转变成凝胶状态，此时植物的生命活动会减弱。细胞水分大量流失，原生质遭到破坏，最后细胞死亡。

2. 水分能保持植物的固有姿态

植物细胞内的水分含量高，能够产生静水压，让细胞处于紧张状态，植物的固有形态就不会被改变，枝叶、花朵生长会更旺盛，张开叶面气孔，吸收更多的阳光，进行气体交换和传粉受精。植物根部也能从土壤中吸收更多营养物质，加速生长，保持植物正常的生长状态。

3. 水是植物某些重要代谢过程的反应物质

水是植物进行光合作用的重要原料，其他生物化学反应，如呼吸作用中的许多反应，脂肪、蛋白质等物质的合成与分解反应等也需要水的参与。

4. 水是植物对物质吸收和运输的溶剂

水是十分活跃的分子，能够溶解自然中的很多物质。植物的各种生理和生化过程都离不开水的参与，如矿质元素的吸收和运输、气体交换、光合作用、无机离子的吸收和运输等。

5. 水的特殊理化性质为植物生命活动提供了有利条件

水的汽化热和比热较高，导热性较强，有利于植物在强阳光下散发热量和在寒冷环境中保持体温；水有明显的极性，使许多生物大分子如蛋白质呈水合状态，均匀分散在水中，使原生质的亲水胶体稳定存在；水是透明的，可透过可见光和紫外光，对植物进行光合作用非常重要。此外，水还可以增加大气湿度、改善土壤及其表面的大气温度，达到调节植物周围环境小气候的作用。

二、植物细胞对水的吸收

（一）渗透性吸水

先观察如下实验（图3-2），将一根两端开口的玻璃管的一端用半透膜（具有允许水分及某些小分子物质通过，而不允许其他物质通过的性质，常用的有动物膀胱、蚕豆种皮、透析袋等）密封，从另一端开口处加入一定浓度和数量的蔗糖溶液，然后置于盛有纯水的烧杯中。由于半透膜只允许水分子通过而不允许蔗糖分子通过，所以烧杯中的水分子就通过半透膜进入玻璃管，使玻璃管中溶液的体积增加，液面上升。这种溶剂分子通过半透膜扩散的现象就称为渗透作用（osmosis），是扩散作用的一种特殊形式。在这一作用过程中，系统中的水分发生了有限的定向移动，这种移动则是由烧杯中水与玻璃管中溶液两组分的水势所决定的。

半透膜

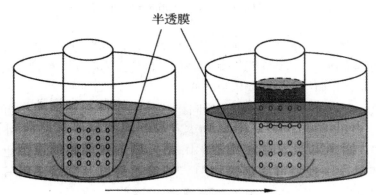

图 3-2 渗透作用示意图

1. 水势

物理学上把一个体系在恒温恒压条件下能够做有用功的能量称为自由能（free energy），在此体系中，1 mol 物质所具有的自由能称为该物质的化学势（chemical potential）。显然，化学势是度量某种物质能够用于做功（如用于发生反应）的能量，我们把度量水分用于做功（水分发生反应或水分转移等）的能量就称为水势（water potential，Ψ_w），具体指 1 偏摩尔体积水的化学势（μ_w）与 1 偏摩尔体积纯水的化学势（μ_w^0）之差

$$\Psi_w = (\mu_w/V_w) - (\mu_w^0/V_w) \qquad (3-1)$$

式（3-1）代表了水参与化学反应和移动的本领。式中，V_w 是偏摩尔体积，指在一定温度、压力和浓度下，1mol 水在混合物（均匀体系）中所占的有效体积。例如，在 1 个标准大气压和 25℃条件下，1mol 的水所占的体积为 18mL，但在相同条件下，将 1mol 的水加入到大量的水和乙醇等摩尔的混合物中时，这种混合物增加的体积不是 18mL 而是 16.5mL，16.5mL 才是水的偏摩尔体积。在一般的植物水分体系中，水溶液浓度较低，水的偏摩尔体积与纯水的摩尔体积十分接近，常用摩尔体积代替

$$\Psi_w = (\mu_w/V_w) - (\mu_w^0/V_w) = (\mu_w - \mu_w^0)/V_w = \Delta\mu_w/V_w \qquad (3-2)$$

$\Delta\mu_w$ 是二者的化学势之差。水势的单位与压力单位相同，目前国际上通常用兆帕（MPa）来表示，与以前常用的单位巴（bar）的换算关系为

$$1MPa=10^6Pa=10bar=9.87atm$$

水势的数值大小是相对的，纯水的水势最高，设定为零。那么，任何溶液的水势均为负值，溶液越浓，水势越低。这是因为溶质颗粒如蔗糖分子与水分子互相作用而引起溶液的水势降低。

在这一过程中，水分子移动的方向和限度决定于半透膜两边水势的高低，烧杯中纯水的水势高，玻璃管中蔗糖溶液的水势低，那么烧杯中的水分就通过半透膜不断进入玻璃管，使玻璃管中溶液的体积增加，液面也就上升，静水压也随之增加，水势逐渐增高。最后当半透膜两侧的水势趋于相等，通过半透膜进出的水分子数量也趋于相等，达到渗透平衡。

因此，在一个渗透系统中，水分总是从较高的水势向较低的水势方向渗透。

2. 植物细胞的水势组成

（1）溶质势。

细胞中的各种颗粒与水分子作用而引起细胞水势降低，这一降低的值就代表细胞渗透能力的大小。细胞液中的各种颗粒多，与水分子作用而导致的水势下降也就大，因此，细胞水势与溶液中溶质颗粒的数目成反比，即溶质越多，水势就越低。我们把这部分由于溶质颗粒的存在而降低的水势称为渗透势（Ψ_s，o smotic potential），也叫溶质势（s01ute potential）。如果溶液中存在多种溶质，则溶液的溶质势就等于各种溶质势之和。由于纯水的水势为零，所以溶质势必然为负值。一般来说，生长在温带较湿润地区的植物因体内水分含量较高，其细胞的溶质势也较高（$-1.0 \sim -2.0$ MPa）；而旱生植物细胞的溶质势因体内含水量较低，其溶质势也较低（可达 -10.0 MPa 以下）。溶液中的溶质势大小可由下列公式来估算

$$\Psi_s=-iCRT$$

式中，R 为气体常数（0.0083 kg · MPa · mol^{-1} · K^{-1}），T 为绝对温度（K），C 为质量摩尔浓度（mol · kg^{-1}），i 为溶质的解离系数。Ψ_s 的单位为 Mpa。

（2）衬质势。

植物细胞存在大量的亲水胶体物质，如蛋白质、淀粉粒、纤维素、核酸等大分子，未形成液泡的分生组织细胞由于具有较浓的细胞质，这些亲水胶体物质能吸附大量水分子（束缚自由水而使其成为束缚水）而使水势下降，

这部分下降的水势称为衬质势（Ψ_m, matrix potential），也是负值。干燥的种子、干旱荒漠植物组织的衬质势较高，是细胞水势重要的构成因素。而对于一般植物组织中已形成液泡的成熟细胞，衬质势较低，一般只有 -0.01 MPa 左右，通常可忽略不计。

（3）压力势。

在图 7-3 中，当最终达到渗透平衡时，半透膜两侧的水势相等，说明在渗透过程中，玻璃管中蔗糖溶液的水势逐渐上升，这是由于当液面上升时静水压也随之增加，这个静水压增加了蔗糖溶液的水势。同样，在植物细胞中，由于细胞吸水体积膨胀，原生质向外对细胞壁产生一个压力即膨压，细胞壁则向内产生一个反作用力——壁压，由于壁压的存在使细胞水势增加，这部分增加的水势称为压力势（Ψ_p, pressure potential），一般为正值。当细胞发生初始质壁分离时，压力势为零；而在植物发生剧烈蒸腾时，细胞的压力势为负值。

实际上，植物细胞还存在重力势（Ψ_g, gravitational potential），是由于重力的存在使体系水势增加的数值，依赖参比状态下水的高度、水的密度和重力加速度而定。在同一大气压力下两个开放体系间重力势的差异不大，与渗透势和压力势相比，常忽略不计。

综上所述，构成植物细胞水势的主要因素有溶质势（Ψ_s）、压力势（Ψ_p）和衬质势（Ψ_m）

$$\Psi_w = \Psi_s + \Psi_p + \Psi_m$$

重力势一般予以忽略。但不同的植物组织细胞，由于所处的状态不同而由不同的水势组成。对于已形成液泡的成熟细胞，由于衬质势很小常不计，因此其水势组成为

$$\Psi_w = \Psi_s + \Psi_p$$

对未成熟的分生组织细胞或干燥种子，由于其细胞未形成液泡，细胞吸水主要靠亲水胶体物质对水的吸附作用，其渗透势与压力势均等于零（$\Psi_s = 0$，$\Psi_p = 0$），其水势组成为 $\Psi_w = \Psi_m$。

生活的植物细胞每时每刻都在与环境进行着水分和物质的交换而影响细胞水势的变化。在植物体中，成熟细胞是构成植物体的主体，因此成熟细胞水势变化的规律也是细胞水势研究的主要内容。图 3-3 反映了细胞吸水与失

水过程中水势、渗透势、压力势及细胞体积变化的关系。

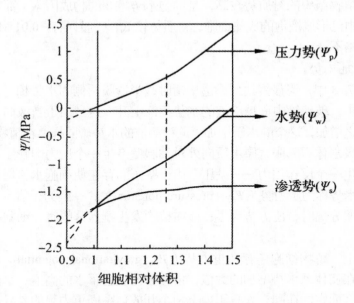

图 3-3　水势、渗透势和细胞相对体积的关系

图 3-3 中以横坐标表示细胞相对体积，以纵坐标表示水势，垂直于横轴的虚线与 3 条曲线相交点的数值，表示一个常态细胞的体积和与之相应的 Ψ_w、Ψ_s、Ψ_p，并且 $\Psi_w=0$、$\Psi_s=\Psi_p$，此细胞若处于高水势溶液中时，细胞吸水，胞内水分的不断增加使细胞液浓度降低，体积增大，虚线向右移，Ψ_w、Ψ_s、Ψ_p 均相应增加。当细胞达到充分吸水、完全膨胀时（相对体积为 1.5），$\Psi_w=0$、$\Psi_s=-\Psi_p$。反之，若此细胞处于低水势的溶液中时，则细胞失水、体积缩小，虚线向左移，Ψ_w、Ψ_s、Ψ_p 也相应降低。当 $\Psi_p=0$、$\Psi_s=\Psi_w$ 时，即相对体积为 1，此时细胞正好处于初始质壁分离状态。如果细胞继续失水，则发生质壁分离，在细胞壁和原生质之间充满外界溶液。细胞壁不再缩小，但原生质的体积继续缩小，Ψ_w 和 Ψ_s 不断降低，$\Psi_p<0$，细胞相对体积 <1。

3. 植物细胞的渗透现象

成熟的植物细胞通常都有一个中央大液泡，其中含有各种无机物质与有机物质，具有较高的浓度，也称为液泡化的细胞。液泡膜和质膜均具有类似半透膜（semi—permeable）的性质，即允许水分及某些小分子物质通过，而不允许其他物质通过。因此，我们也可以把质膜与液泡膜及其二者之间的细胞质整个近似地看作一个半透膜，并与高浓度的中央液泡构成了一个渗透系统。当把这样的植物细胞置于不同水势的溶液中时，就会发生渗透现象。

如果细胞外液的水势大于细胞液的水势，那么细胞内的水分就会向外液渗透，细胞体积缩小，就会发生质壁分离（plasmolysis）；如果将发生质壁分离的细胞重新置于比细胞水势低的外液中时，外液水分便通过渗透作用进入细胞，细胞又会逐渐恢复原状，这种现象称为质壁分离复原。细胞质壁分离和质壁分离复原现象说明：①原生质具有半透膜的性质；②可以此来确定细胞的死活，因为死细胞的液泡膜和质膜失去了半透膜的性质；③通过这一现象可测定植物组织的渗透势以及测定不同物质进入细胞的难易程度。更重要的是，这一现象表明了植物细胞渗透吸水的实质，即遵循水势梯度决定水分流动方向的规律：溶液浓度高，水势低；浓度低，水势高。水分总是由高水势向低水势渗透。

（二）吸胀性吸水

吸胀性吸水指的是植物通过吸胀作用吸收水分，无液泡的细胞通常需要吸胀性吸水。吸胀作用指的是细胞原生质和细胞壁的亲水胶体物质吸收水分以后会膨胀。这是因为细胞内的亲水胶体如纤维素、淀粉粒、蛋白质等含有大量亲水基因，尤其是风干种子的细胞，其细胞壁的成分纤维素和原生质成分蛋白质等都是亲水的，而且吸水能力非常强。亲水性最强的是蛋白质类物质，其次是淀粉粒，纤维素的亲水性最小。所以，相比于比禾谷类种子，蛋白质含量高的豆类种子吸胀现象更明显。

还没有形成液泡的植物细胞主要依靠吸胀吸水来获取水分。吸胀吸水现象十分普遍，例如果实和种子在生长过程中的吸水、风干种子中央液泡形成之前的吸水、幼小细胞的吸水等，都是吸胀吸水。判断这些细胞吸胀吸水的能力，主要看衬质势的高低，通常来说，干燥的种子衬质势低于 100MPa，比外界溶液的水势低很多，所以吸胀吸水现象很普遍。[①]

（三）代谢性吸水

植物细胞利用呼吸作用产生的能量使水分经过质膜进入细胞的过程叫作代谢性吸水（metabolic absorption of water）。可以说，这方面缺乏直接证据。但是，不少试验证明，当通气良好，促使呼吸作用加强时，细胞吸水增强、而减少氧气或以呼吸抑制剂（二硝基苯酚、叠氮化物等）处理时，呼吸速率下降，细胞吸水减少。由此可见，细胞吸水与原生质代谢强度密切相关。至于代谢性吸水的机理尚不清楚，有实验人员认为，很可能由呼吸释放的能量

---

① 崔爱萍，李永文，林海．植物与植物生理 [M]．武汉：华中科技大学出版社，2012.

驱动原生质中的水泵运转。但更多的人认为，呼吸作用能够维持细胞膜结构的完整性，从而保证渗透性吸水的进行。代谢性吸水是间接吸水，需要指出的是，代谢性吸水只占总吸水量的很少一部分。

第二节　植物根系对水分的吸收

一、植物根系吸水的部位

陆生植物主要依靠根部吸收水分，而根部吸水主要依靠根尖。根尖分为根冠、分生区、伸长区和根毛区（图 3-4），前三个部位细胞原生质比较浓，不利于水分流动，所以吸水能力比较差。根毛区长有很多根毛，细胞壁的外层覆盖着果胶质，具有很强的黏性，比较亲水，能够很好地附着在土壤胶体颗粒上，便于吸收水分，而且根毛区具有发达的输导组织，水分流动更畅通，所以根毛区的吸水能力最强。

植物吸水主要靠根尖，因此，在移栽时尽量不要损伤细根，以免引起植株萎蔫和死亡。

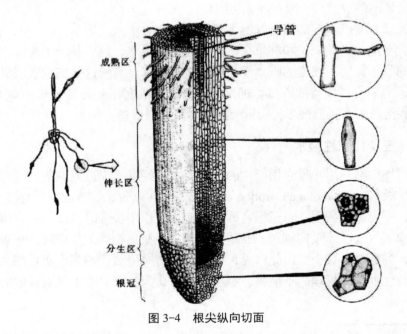

图 3-4　根尖纵向切面

二、植物根系吸水的机理

从根系吸水的动力来说，根系吸水可分为主动吸水（activeabsorption of water）和被动吸水（passive absorption of water）。

（一）被动吸水

植物地上部分枝叶的蒸腾作用使水分沿导管上升的力量称为蒸腾拉力（transpiration pu11），通过蒸腾拉力进行的吸水称为被动吸水。当植物蒸腾时，叶片气孔下腔周围叶肉细胞中的水分以水蒸气的形式，经由气孔扩散到水势较低的大气，从而导致叶肉细胞的水势下降，叶肉细胞就向邻近的叶脉导管吸水，失水的叶脉导管水势下降，向邻近的叶脉导管吸水，依此类推，相邻组织细胞之间的水分流动更加频繁，如此，根部维管柱导管水势降低，而水势差更有利于吸收土壤水分。在此过程中，相邻组织细胞会相继流失水分，从土壤溶液到植物气孔会形成水势梯度差，这样植物就可以通过根部吸收更多的水分，进而输送到植物的各个部分。在这一物理过程中，代谢能量没有参与其中，只要枝条能够蒸腾，就可以通过根系正常吸水，不管是麻醉的根系或切去根系，还是已经死亡的根系。一个很常见的例子就是将鲜切花放在装水的瓶子里，就可以保鲜一段时间。

被动吸水由叶片蒸腾拉力引起，所以受植物蒸腾作用强弱的直接影响。一般在夜间或未长出叶片的植物，其蒸腾作用降低时，被动吸水也降低。但在植物正常生长期中，被动吸水是植物吸水的主要方式，尤其是高大的树木。

（二）主动吸水

根系细胞由于生理活动，不断得到体内其他细胞提供的有机物质，并用主动吸收和胞饮等方式，向外界吸收无机盐类等物质，而提高了细胞液的渗透压，在渗透作用下，可以主动吸水；同时又顺着根部组织内各细胞之间的水势差异，将水分依次传递输送。这是根部主动吸水的主要原因；此外，它还与细胞代谢的耗能吸水有关。

根压（root pressure），是指植物根系活动使液流从根部向地上部压送的力量（图3-5）。它是植物根部主动吸水的表现，是植物水分向地上部运输的两大原因之一。大多数植物的根压为 0.1 ~ 0.2MPa。在正常情况下根压对植物吸水所起的作用是有限的，在蒸腾作用微弱时，主动吸水才是植物吸水的主要原因。

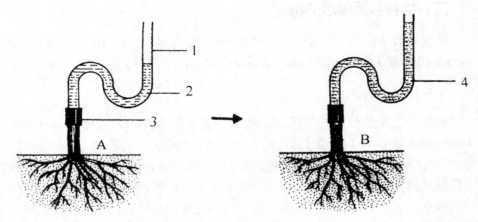

图 3-5　根压示意图

A. 伤流液未流出时；B. 根压

1—U 型管；2—水；3—橡皮管；4—水 + 伤流

伤流（bleeding）和吐水（guttation）现象可显示根压的存在。

"伤流"和"吐水"现象很好地说明了根的主动吸水。当土壤有充足的水分且温度较高时，在比较湿润的早晨，水稻、油菜等植物的叶尖或叶子边缘的水孔就会形成水珠，也就是"吐水"现象。这一现象通常发生在没有受过伤的叶片尖端或边缘。夏天晴朗的早晨，植物叶尖和叶子边缘都会溢出水珠，判断植物苗期生长是否良好时，就可以观察吐水量。葡萄在发芽之前有伤流期，修剪时留下的伤口会有大量的溶液溢出，这一现象叫作伤流，也就是受伤或剪断的植物根茎伤口处流出液体的现象。如果在切口处连接压力计，就能够测出压力，这一压力主要与根部代谢活动相关，也叫根压。葡萄和葫芦科植物伤流的液体会比较多，而水稻、小麦等比较少。相同植物的根部压力和伤流量会受到根部生理活动强度、吸收水分面积的影响。所以判断植物根系生理活动强弱的一个重要指标就是伤流量和成分。

植物根系吸水的主要动力就是引起被动吸水的蒸腾拉力和引起主动吸水的根压。这两者所占的比重，对于生长在不同地域及不同季节的植物而言并不相同。热带雨林地区的乔木普遍生长旺盛，高度一般超过 50m，蒸腾作用比较旺盛时，根部压力会比较小，说明根压并不能促使水分上升。根压对水分的影响主要发生在早春，一般在树木叶子刚刚长出来，还没展开的时候。

三、影响根系吸水的土壤条件

根系通常生存在土壤中，所以土壤条件直接影响根系吸水。

（一）土壤中可用水分

根部可以吸收水分，土壤也可以储存水分，这是因为土壤中含有有机胶体和无机胶体，有些土壤颗粒也能吸附水分，如果根部的吸水能力比土壤的存水能力大，则根部可以吸水，否则无法吸水。植物和土壤是竞争的关系，二者都在争夺水分。所以植物只能从土壤中吸收一部分水分。土壤中的可用水分含量与土粒粗细、土壤胶体数量有关，不同土壤可用水分含量不同，从高到低依次是粗砂、细砂、砂壤、壤土和黏土。

（二）土壤通气状况

如果土壤透气性不好，则植物根部吸收的水分会减少，这是因为土壤二氧化碳过多和缺氧，在短时间内，细胞呼吸减弱，吸水能力变差；时间长了以后，细胞只能无氧呼吸，根部就会产生酒精，损害吸水能力。作物被淹时，也会出现缺水，这是因为土壤缺氧，影响吸水。为了使土壤透气性更好，栽培作物时可以采用中耕耘田、排水晒田等方法。

（三）土壤温度

土壤温度和根部吸水能力成反比，也就是土壤温度越低，根部吸水能力越差，这是因为水分的黏性增大，扩散变慢；细胞质黏性也增大，水分在细胞质的流动受阻；呼吸作用减弱，不利于根部吸水；根部生长速度变慢，吸水表面积减少。

土壤温度太高也不好。高温会使根部快速老化，甚至尖端也会木质化，吸收水分的面积减少，速度变慢。温度过高还会影响酶，不利于根部主动吸水。

（四）土壤溶液浓度

土壤溶液含盐浓度会对水势大小产生直接影响。根部从土壤中吸收水分，细胞水势要比土壤溶液水势低。通常情况下，土壤溶液浓度越低，水势越高，根部就越容易吸水；盐碱土则不同，土壤溶液含盐多，水势低，植物则不容易吸水。所以使用肥料时要适量，尤其是沙质土壤，否则可能导致根部吸水困难，出现烧苗现象。

第三节 植物的蒸腾作用与水分运输机制

一、蒸腾作用的概念及意义

植物通过其表面（主要是叶片）使水分以气体状态从体内散失到体外的现象叫作蒸腾作用（transpiration）。蒸腾与蒸发不完全相同，后者是个简单的物理过程，而前者不仅有物理过程，还受植物的生理活动所制约。

植物通过蒸腾作用散失水分的量很大。例如，1 株玉米一生通过蒸腾散失大约 200kg 水；木本植物的蒸腾量更为惊人：1 株 15 年生的山毛榉盛夏每天蒸腾失水约 75kg，而且有 20 万张叶片的桦树夏季每天蒸腾散失的水分却高达 300~400kg。

植物蒸腾作用散失了大量的水分，但它对于植物也有重要的意义。

第一，蒸腾作用是植物吸收和输送水分的重要途径。蒸腾作用输送的水分有利于促进植物对水分和营养物质的吸收，特别是对于高耸入云的树木来说，在没有蒸腾作用的情况下，只靠根系吸收水分，很难保证树干和树枝得到充足的水分。

第二，蒸腾作用能使植物叶片的温度降低。植物可以将太阳能中的大部分能量转换成热量，从而提高叶片的温度。借助蒸腾作用，植物可以释放体内多余的辐射热，以保证植株体温正常，并且各种新陈代谢活动都能正常进行。在炎热高温的夏季，植物的蒸腾作用在降低叶片温度方面的效果更加明显。

第三，蒸腾作用是植物摄取与输送养分的重要动力。蒸腾作用能够促进植物根系吸收土壤中的水分和养分，并将水分和养分输送到植物体内，从而确保植物的生长发育有充足的水分和养分供给。

第四，蒸腾作用有利于气体交换，促进光合作用。因为叶片的结构决定了气孔张开有利于从空气中吸收和同化 CO_2，叶片进行蒸腾作用时，促进光合作用的同时，也不得不增加了水分从气孔中的排出，即加剧了蒸腾作用。

尽管蒸腾作用对植物的存活具有重要的价值，但是，蒸腾过度容易导致叶片上的气孔收缩，从而减缓了蒸腾作用的效果，导致叶片温度升高，植物体内水分不足，这将不利于植物的生长发育，严重时甚至将危及到植物的生命。水是植物维持生命活力的基本要素，植物体内的水分含量直接关系到植物的生长发育。在正常条件下，植物体内80%的水都是通过蒸腾作用流失的，如果蒸腾过度，则将导致植物体内水分流失严重。为了维持植物体内正常的水分含量，必须采用有效的措施抑制蒸腾作用的过度倾向。

二、蒸腾作用的方式

地表幼株叶片均能产生蒸腾作用，当幼株长大后，植物茎秆和枝干表面将沉积特殊的物质，导致水分不易渗透。此时，植物茎秆和枝干表面的皮孔可以发挥蒸腾作用，通过这种皮孔产生的蒸腾作用，又被称为皮孔蒸腾。但是，皮孔蒸腾仅占植物全部蒸腾量的0.1%。因此，植物的蒸腾作用主要通过叶片维持。

叶片的蒸腾作用方式可以分成气孔蒸腾和角质蒸腾两类。通过气孔维持蒸腾作用的方式被称为气孔蒸腾，借助角质层维持蒸腾作用的方式被称为角质蒸腾。虽然植物的角质层具有水分不易通过的特性，但是填充在角质层中间的果胶，具有极强的吸水能力，而角质层中间的孔隙，也有利于水分的渗入。气孔蒸腾和角质蒸腾在叶片蒸腾中占据的比例，与植物的生长环境、叶片年龄及表皮厚度密切相关。生长在潮湿地带的植物，更倾向于使用角质蒸腾；对于叶片角质层尚未成熟的稚嫩植株，角质蒸腾比气孔蒸腾占植物总蒸腾量的比重更大，随着植物逐渐成熟，叶片通过角质完成蒸腾作用的比例逐渐减少，气孔蒸腾成为成熟叶片最主要的蒸腾方式。

三、蒸腾作用的数量指标

1. 蒸腾速率

蒸腾速率（transpiration rate）指植物在单位时间内、单位叶面积通过蒸腾作用散失的水量。常用单位为 $g \cdot m^{-2} \cdot h^{-1}$、$g \cdot dm^{-2} \cdot h^{-1}$。大多数植物白天的蒸腾速率是 $15 \sim 250 g \cdot m^2 \cdot h^{-1}$，夜晚是 $1 \sim 20 g \cdot dm^{-2} \cdot h^{-1}$。

2. 蒸腾比率

植物每消耗1kg水所形成干物质的量（g），或者说在一定时间内干物质的累积量与同期所消耗的水量之比，称为蒸腾比率，也称为蒸腾效率，常用单位为 $g \cdot kg^{-1}$。野生植物的蒸腾比率是 $1 \sim 8 g \cdot kg^{-1}$，而大部分作物的蒸腾比率是 $2 \sim 10 g \cdot kg^{-1}$。

3. 蒸腾系数

植物制造1g干物质所消耗的水量（g）称为蒸腾系数（或需水量），它是蒸腾比率的倒数。一般野生植物的蒸腾系数是 125 ~ 1000，而大部分作物的蒸腾系数是 120 ~ 700，植物不同，蒸腾系数也有一定差异（表 3-1）。

表 3-1　几种主要农作物的蒸腾系数（需水量）

作物	蒸腾系数	作物	蒸腾系数
水稻	211~300	油菜	277
小麦	257~774	大豆	307~368
大麦	217~755	蚕豆	230
玉米	174~406	马铃薯	167~659
高粱	204~298	甘薯	248 ~ 264

一般而言，蒸腾系数越小，表示该职务利用水分的效率越高。

四、气孔蒸腾

（一）气孔的结构

气孔（stoma）是植物叶片表皮组织上由两个保卫细胞所围成的小孔，是植物叶片与外界进行气体交换的主要门户，影响植物的蒸腾、光合作用和呼吸作用。O_2、CO_2 和水蒸气共用气孔这个通道。气孔的开闭是一个自动的反馈调节系统，当气孔蒸腾旺盛时，叶片水分发生亏缺或土壤供水不足时，气孔开度减少甚至完全关闭；当供水良好时，气孔张开。当白天阳光和水源充足时，植物进行光合作用需要从空气中获取大量的 CO_2 时，气孔张开以满足光合作用对 CO_2 的需要。夜晚植物停止光合作用，无须获取 CO_2 时，气孔关闭以避免水分散失。

气孔由于保卫细胞壁不均匀加厚以及细胞微纤丝排列的形状会进行吸水膨胀或失水收缩运动。肾形气孔保卫细胞微纤丝呈放射状排列，当保卫细胞的液泡吸水，细胞膨压增大时，外壁向外扩展，并通过微纤丝将拉力传递到内壁，将内壁拉离开来，气孔就张开。哑铃形保卫细胞微纤丝也呈放射状排列，吸水膨胀时，两端薄壁部分膨大，使气孔张开（图 3-6）。

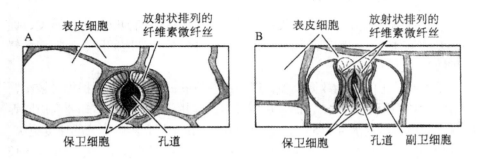

图 3-6　保卫细胞结构示意图

A. 肾形气孔保卫细胞微纤丝的放射状排列；B. 哑铃型气孔保卫细胞微纤丝的放射状排列

叶面上气孔的大小、数目和分布因植物种类和生长环境而异（表 3-2）。气孔一般长 7～40μm，宽 3～12μm。通常每平方毫米的叶面有气孔 100～500 个。气孔主要分布于叶片，裸子植物和被子植物的花序、果实，尚未木质化的茎、叶柄、卷须、荚果上也有气孔存在。大部分植物叶的上下表皮都有气孔分布，但不同类型植物的叶上下表皮气孔数目不同。单子叶植物叶的上下表皮都有气孔分布，双子叶植物主要分布在下表皮。莲、睡莲等水生植物气孔都分布在上表皮。一般禾谷类植物如玉米、水稻、小麦等，其叶的上、下表面都有气孔分布，且数目较为接近，双子叶植物如番茄、马铃薯等，气孔主要分布在叶下表皮，而水生植物如睡莲、浮萍的气孔，只分布在叶上表皮。气孔的分布是植物长期适应生存环境的结果。

表 3-2　不同类型植物的气孔数目和大小

植物类型	气孔数 / 叶面积（mm）	气孔口径（μm）		气孔面积占叶面积（%）
		长	宽	
阳性植物	100～200	10～20	4～5	0.8～1.0
阴性植物	40～100	15～20	5～6	0.8～1.2
禾本科植物	50～100	20～30	3～4	0.5～0.7
冬季落叶树	100～500	7～15	1～6	0.5～1.2

研究发现，气孔密度对环境中 CO_2 的浓度很敏感，CO_2 浓度升高时，气孔密度降低。据统计，19 世纪以来，由于工业化与城市化的进程加快，大气 CO_2 浓度从 280μmol·mol^{-1} 增至 350μmol·mol^{-1} 以上，使气孔密度下降了 40%。

（二）气孔的边缘效应

气孔蒸腾过程分为两个阶段：一是水分在叶片的细胞壁上进行蒸发，促使蒸发的气体进入细胞间隙和气室；二是这些气体从细胞间隙、气室向大气层扩散。

尽管叶片上的气孔数量众多，但是这些气孔占据的区域面积相对较小，仅占叶片总面积的 1%~2%，而叶片气孔蒸腾作用消耗的水分，却要高出同等区域水面自然蒸发水量的 50 倍，甚至 100 倍。由于气孔蒸腾水分的速度更快，而水分通过气孔扩散的速度与气孔的大小并不直接相关，而是与气孔的周长有关，这使得位于气孔周围边缘处的水分，比气孔中央水分的扩散速度更快，由此形成的现象如图 3-7 所示，又被称为气孔的边缘效应。

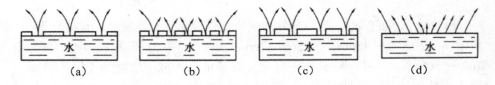

图 3-7　水分通过多孔的表面和自由水面蒸发情况的图解

（a）小孔分布很稀；（b）小孔分布很密；（c）小孔分布适当；（d）自由水面

（三）气孔运动的机制

1. 无机离子吸收学说

无机离子吸收学说又称 K^+ 泵学说。在 20 世纪 60 年代末，人们发现气孔运动和保卫细胞积累 K^+ 有着非常密切的关系。研究表明，保卫细胞质膜上有 ATP 质子泵，在光照下，保卫细胞叶绿体通过光合磷酸化产生 ATP，活化了质膜 H^+-ATP 酶，在分泌 H^+ 到保卫细胞外的同时，驱使 K^+ 主动吸收到保卫细胞中，K^+ 浓度增高，与此同时还伴随着等电量负电荷的 Cl^- 进入，以维持保卫细胞的电中性。这时保卫细胞中积累较多的 K^+ 和 Cl^-，水势下降，吸收水分，气孔张开。在黑暗中，光合作用停止，H^+-ATP 酶因得不到所需的 ATP 而停止做功，K^+ 移向周围细胞，并伴随着阴离子的释放，导致保卫细胞水势升高，水分外移，而使气孔关闭。

2. 淀粉 - 糖转化学说

保卫细胞中有一种淀粉磷酸化酶，在 pH 值小于 7 时，催化淀粉分解为葡萄糖；当 pH 等于或大于 7 时，催化葡萄糖合成淀粉。

保卫细胞中有叶绿体，在光照下可进行光合作用，消耗 CO_2，引起保卫细胞 pH 增高至 7，促使淀粉磷酸化酶水解淀粉为可溶性糖，保卫细胞水势下降，从周围细胞吸取水分，保卫细胞膨大，气孔张开。在黑暗中，保卫细胞光合作用停止，而呼吸作用继续进行，呼吸产生的 CO_2 积累，使保卫细胞 pH 下降至 5 左右，促使淀粉磷酸化酶将可溶性糖转化成淀粉，保卫细胞水势升高，细胞失水，气孔关闭。这就是经典的"淀粉－糖转化学说"的主要内容，在 20 世纪 70 年代以前，该学说一直占统治地位。

该学说可以解释光和 CO_2 对气孔开闭的影响，也符合观察到的淀粉白天消失、晚上出现的现象。然而近几年来的研究发现，早晨气孔刚开放时，淀粉明显消失，而葡萄糖却未相应增多。还有人认为，淀粉水解需要消耗磷酸，并不能使保卫细胞渗透势发生变化。这些表明，用这个学说解释气孔运动还有一定的局限性。

3. 苹果酸生成学说

20 世纪 70 年代初以来，人们发现苹果酸在气孔运动中起着一定作用。在光照下，细胞中的淀粉通过糖酵解作用产生的磷酸烯醇式丙酮酸（PEP），在 PEP 羧化酶的作用下，与 HCO_3^- 结合形成草酰乙酸，并进一步 NADPH（苹果酸还原酶）还原为苹果酸。

$$PEP+HCO_3^- \xrightarrow{\text{PEP 羧化酶}} 草酰乙酸 + 磷酸 +$$

$$草酰乙酸 +NADPH \xrightarrow{\text{苹果酸还原酶}} 苹果酸 +NADPH+（或 NAD^+）$$

苹果酸作为渗透物进入液泡，降低细胞水势，促使保卫细胞吸水，气孔张开。当叶片转入黑暗处，此过程发生逆转。研究证明，保卫细胞内淀粉和苹果酸之间存在一定的数量关系。

苹果酸代谢学说把淀粉－糖转化学说与无机离子吸收学说结合在一起，较为合理地解释了光为什么能够诱导气孔开放，以及 CO_2 浓度降低与 pH 升高为什么促使气孔张开等问题，如图 3-8 所示。近期研究证明，保卫细胞内淀粉和苹果酸之间存在一定的数量关系，即淀粉、苹果酸与气孔开闭有关，与糖无关。

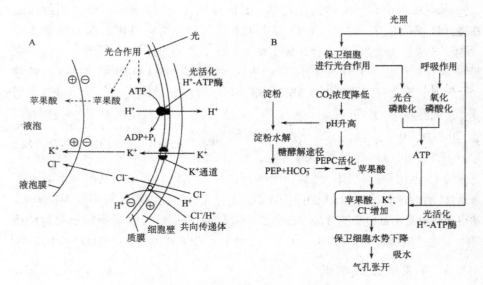

图 3-8　光下气孔开启的机制

五、影响蒸腾作用的外界因素

蒸腾速度与叶片内部蒸汽压力的大小差异有关。因此，任何外部环境对叶片内部和外部蒸汽压力的差异均造成变化的因素，都是影响蒸腾作用的外界因素。

影响蒸腾作用的外界因素主要是温度、大气湿度、光照强度和风速。

（一）温度

温度对蒸腾作用的影响极为显著。在特定范围内，当温度升高时，蒸腾作用的速度明显加快，这是由于温暖的环境有利于促进水分的汽化与扩散。

（二）大气湿度

由于大气湿度较低，叶片内部和外部的蒸汽压力差异较大，叶片内部的水分极易扩散到空气中，导致蒸腾作用速度变快。在大气湿度较高的情况下，叶片内、外蒸汽压力较低，从而抑制了叶片的蒸腾作用。

（三）光照

在影响蒸腾作用的外界因素中，光照是最重要的外部环境因素。由于光照促进了叶片气孔的扩张，并提高了叶片与周围空气的温度，致使水分的扩散速度加快，由此形成光照越强、蒸腾速度越快的现象。

（四）风

风对蒸腾作用的影响原理非常复杂。微风可以促进蒸腾作用，将叶片周围的水分吹散，同时还会吹动枝叶，加速叶片内部水分由内向外扩散的过程。但是，强风容易降低叶片温度，导致叶片气孔关闭，影响蒸腾作用的正常发挥。

（五）土壤条件

由于植物根系的吸水能力与植物地上部分的蒸腾作用密切相关，影响土壤条件的各种因素，如土壤的温度、湿度、透气程度和营养物质的浓度等，都可以在影响植物根系吸水状态的情况下，间接地对植物的蒸腾作用产生一定程度的影响。

植物所处的外部环境，会对植物的蒸腾作用在白昼与夜间的变化情况产生影响。在水分供应充足、阳光明媚、气温不高的情况下，当光照增强、温度升高时，蒸腾作用也明显增强。从正午时分到午后两点，蒸腾作用达到高峰，随后，由于光照减弱，温度降低，蒸腾速率下降，甚至近乎停止。由此可知，光照强度的日间变化情况与蒸腾速率的周期性改变基本一致。

总体而言，各种各样的外界因素都可以对蒸腾作用产生影响，这些因素之间的互相关联与相互影响，增加了蒸腾作用的复杂性。由于光照可以影响温度，而温度又间接影响空气和土壤湿度，这使得影响蒸腾作用的关联因素不容忽视。当然，在影响蒸腾作用的全部外界因素中，光照是最重要的影响因素。

六、水分运输机制

（一）水分运输的途径和速度

植物根系吸收的水分只有很少一部分用于植物体内的物质合成等代谢活动，其他的绝大部分都将通过叶片的蒸腾作用散失到大气中。水分从被吸收到散失，主要经过下列途径：土壤溶液—根毛—皮层薄壁细胞—中柱鞘—根部导管和管胞—茎的导管—叶柄导管—叶脉导管—叶肉细胞—叶细胞间隙—气孔下腔附近的叶肉细胞细胞壁—蒸腾作用散失到空气中。这构成了土壤—植物—大气的连续系统。

在水分传导的过程中，土壤溶液中的水分进入植物根毛区，由根毛区的皮层到达维管柱。这期间会通过三种途径：

第一，质外体途径，即经过细胞壁的转运；

第二，共质体途径，即经过胞间连丝从原生质体到原生质体的转运；

第三，胞间转运，即通过液泡使水分从一个细胞转运到另一个细胞的方式（图3-9）。

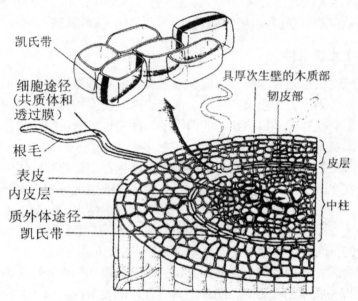

图3-9　水分由根毛区到达维管柱的途径（仿金银根）

　　水分在植物根、茎、叶内的运输既有质外体运输，又有共质体运输。其中，一部分借助活体细胞进行短距离运输。虽然共质体的运输距离仅为数毫米，但是，当水分通过原生质体时，会遇到较大的阻力，从而导致运输速度变得较为缓慢。另一部分借助管胞或导管进行长距离输送。被子植物有管胞和导管，而裸子植物仅有管胞。导管为空心、没有原生质体、外形较长的死亡细胞，具有低的阻力和快速的转运能力；而管胞内部分子之间的细胞壁尚未连通，导致水分必须通过纹孔才能在管胞之间流动，在这种情况下，水分运输需要面对较大的阻力，而且与导管相比，水分的运输速度更加缓慢。植物根系从土壤中吸收到的水分，需要经过根部中柱向地上部分运输，由此途径的植物木质部管胞和导管，在运输水分方面占植物从根部向叶片运输水分总量的99.5%以上。由于水分在木质部管胞和导管中以集流的方式运输，这使得在一般情况下，植物在白昼期间的水分运输速率比夜间明显更快，而与散射光相比，直射光更有利于植物体内的水分运输。

（二）水分沿导管上升的机制

世界上一些大型树木如红杉和桉树可高达 100 米以上，对于这部分植物来说，水分从根部运输到叶片的过程，必然涉及水分运输的动力问题和水分运输的连续性问题。

借助植物底部的根部压力和上部的蒸发张力，水分可以沿管胞或导管向上运输。植物的根部压力通常维持在 0.2 兆帕左右，最多能使水分向上运输 20.4 米，在通常情况下，蒸腾拉力是植物内部水分上升的主要动力。测定结果表明，当叶片发生强烈的蒸腾作用失水严重时，植物根部导管的水压可以上升至 0.5 兆帕，而植物叶片顶端的水压则会降至零下 3.0 兆帕，在这种压强差的作用下，植物根部的水分可以源源不断地输送到植物的叶片顶端。因此，蒸腾作用越强烈，植物失去的水分越多，水分从根部沿导管向上输送的动力就越强。

水分从植物的根部向上运输，必然要克服地心引力的影响。由蒸腾作用形成的拉力，在克服重力方面的稳定性，成为探索水分向上运输连续而不中断的关键。爱尔兰学者狄克逊（H. H. Dixon）提出的蒸腾动力、凝聚力和张力理论（transpiration cohesion tension theory），也被称为内聚力理论（cohesion theory），可以解释这种现象。该理论提出，当水分的内聚力大于张力时，水分可以在植物体内平稳地向上运输。由于水分的内聚力可高达几十甚至上百兆帕，当蒸腾作用导致植物叶片失水时，植物导管的吸水力与水分本身的重力之间形成作用于导管水柱的张力（tension），该张力形成的压强基本维持在零下 3.0 兆帕。当水分的内聚力大于水柱张力时，管胞或导管纤维分子之间的附着力，维持了水柱从下向上运输的连续性，确保水分能够源源不断地从根部向树冠平稳运输。但是，在导管的水溶液中存在着大量的气体，随着水柱压力的增加，这些溶解在水中的气体就会从水中逸出形成气泡，随着张力的增加，气泡变得越来越大，由此形成的现象被称为气穴现象。然而，植物可以借助特定的方式，消除气穴现象造成的不利影响。比如，当导管中出现气泡时，这些气泡将被导管纹孔围住，水分运输至此时，将绕道向上运输，保证了水柱的连续性。夜间，植物的蒸腾作用变弱，水柱张力降低，从导管中逸出的气体可以消除气穴现象对水分运输的阻挡影响。此外，当导管内的大水柱中断时，小水柱将透过微孔确保水分的向上运输。与此同时，水分的向上运输仅需要部分木质部输导组织的参与。因此，保证部分木质部输导组织畅通，即可确保水分沿导管平稳上升。

第四节　植物水分生理的应用技术——合理灌溉

在作物生育期内，经常保持其体内的水分动态平衡是使作物正常生长发育，获得高产稳产，改善产品品质的重要生理基础。因此，在农业生产上，应该根据各种作物的特点，通过灌溉来调节植物的水分状况，从而达到提高产量，改善品质的目的。

灌溉的基本任务是合理利用水分，即以最低的水量获得最大的效果。为达此目的，就应该深入了解各种作物的需水规律，以便进行合理灌溉。

一、作物的需水规律

农作物的种类不同，在需水量方面也存在差异。需水量较多的农作物是水稻和大豆，其次是甘蔗和小麦，玉米和高粱的需水量最少。从农作物的产量角度来看，需水量小的农作物在缺水的条件下能够产生更多的干物质。由此可知，需水量小的农作物不易受干旱的影响。

从利用等量水分生产干物质的角度来看，C 类植物比 C₃ 类植物更具优势。

同一品种的农作物，在生长发育的不同时期，对水分的需求量存在较大的差异。随着农作物蒸腾面积的不断扩大，农作物的生长发育将需要更多的水分。

下面将以小麦为例，探究农作物在不同的生长发育阶段，对水分的需求情况。

第一阶段为种子萌芽到幼苗分化。在此期间，根系吸收土壤中的养分，生长发育的速度较快，由于幼苗叶片面积相对较小，因此幼苗需水量相对较小。

第二阶段为幼苗分化到植株抽穗。此时，植物的茎、叶、穗生长发育速度较快，小穗开始分枝，叶片面积变大，需水量较大。在此期间，由于植物体内的新陈代谢活动频繁，如果水分供应不足，将导致小穗分化不良，致使茎秆生长发育受阻，从而导致植株矮小甚至减产。所以，在这段时期，植物对缺水尤为敏感，该时期也被称为植物的首个水分临界期。

第三阶段为植株抽穗到胚胎生长。此时，植物叶片的生长发育已经基本结束，以授粉和胚胎发育为主。如果水分供应不足，则顶部叶片蒸腾强烈，植物将从下部叶片和果实器官吸收水分，影响果实的正常生长发育，直接导致农作物减产。

第四阶段为果穗发育到末期成熟。在此期间，养分从植物的根系输送至种子。如果植物缺水，则会使养分的运输速度变慢，容易影响种子的产量。同时，植物缺水还将影响叶片的光合速率，缩短叶片的寿命，阻碍有机物的合成。因此，植物体内的水分情况与植物的水分状态密切相关。在此期间，若无水，则有机质的液体流动会减慢，使灌浆过程更加艰难，使籽粒苗长，从而使其产量下降；对旗叶的光合作用及旗叶的生命期均有一定的抑制作用。因此，该时期也被称为植物的第二个水分临界期。

第五阶段为乳熟末期到完熟期。这时营养物质向籽粒运输的过程已经结束，种子失去大部分水分，渐渐变成风干状态，植株逐渐枯萎，已不需要供给水分，尤其是进入蜡熟期，根系开始死亡。此时如果灌水，反而有害。

二、合理灌溉指标

合理灌溉的首要问题是确定最适宜的灌溉时期。决定灌溉时期可依据气候特点、土壤墒情、作物的形态、生理性状加以判断。

（一）土壤指标

作物是否需要灌溉，依据土壤的湿度决定灌溉时期，是一种较好的方法。一般作物生长较好的土壤含水量为田间持水量的 60% ~ 80%，如果低于此含水量时，应及时进行灌溉。但这个值无法固定，常随许多因素的变化而变化，更因为灌溉的真正对象是作物，而不是土壤，所以该法仅间接反映植物的水分状况。

（二）形态指标

我国自古以来就有看苗灌水的经验，即根据作物外部形态发生的变化来确定是否进行灌溉。作物缺水时的形态表现见表 3-3。

表 3-3 作物缺水时的形态表现

部位	表现	原因分析
幼嫩的茎、叶	易发生萎蔫	水分供应不足、细胞膨压下降
茎、叶颜色	暗绿色	生长缓慢，叶绿素浓度相对增加
	红色	干旱时碳水化合物的分解大于合成，细胞中积累较多的可溶性糖并转化成花色素，而花色素在弱酸条件下呈红色

如棉花开花结铃时，叶片呈暗绿色，中午萎蔫，叶柄不易折断，嫩茎逐渐变红，就应及时进行灌水。

根据作物形态指标灌水，要反复实践才能掌握得好。而且，从缺水到引起形态变化有一个滞后期，当形态上出现上述缺水症状时，生理上早已受到一定程度的伤害了。

（三）生理指标

当植物缺水时，生理指标可以比形态指标更及时、更灵敏地反映体内水分状况。植物叶片的相对含水量、细胞汁液浓度、渗透势、水势和气孔开度等均可作为灌溉的生理指标。

缺水时，叶片的相对含水量（relative water content，RWC）下降，RWC是指实际含水量占水分饱和时含水量的百分率。叶片的相对含水量通常为85%～95%，如果相对含水量低于临界值（50%左右），一般叶片就枯死。

植物在缺水的情况下，叶片可以直接反映植物的生理变化。叶片含水量下降，细胞液的浓度升高，气孔闭合。当有关生理指标达到临界值时，应该立即对植物进行灌溉。

不同作物灌溉生理指标的临界值见表3-4。当有关生理指标达到临界值时，应及时进行灌溉。

表3-4　不同作物几种灌溉指标的临界值

作物生育期	叶片渗透势（-MPa）	叶片水势（-MPa）	叶片细胞液浓度（%）	气孔开度（μm）
春小麦				
分蘖－拔节期	-1.1～-1.0	-0.9～-0.8	5.5～6.5	6.5
拔节－抽穗期	-1.2～-1.0	-1.0～-0.9	6.5～7.5	6.5
灌浆期	-1.5～-1.3	-1.2～-1.1	8.0～9.0	5.5
冬小麦				
分蘖－孕穗期	-1.1～-1.0	-0.9～-0.8	5.5~6.5	
孕穗－抽穗期	-1.2～-1.1	-1.0～-0.9	6.5~7.5	
灌浆期	-1.5～-1.3	-1.2～-1.1	8.0~9.0	
成熟期	-1.6～-1.3	-1.5～-1.4	11.0～12.0	
棉花				
花前期		-1～2		
花期－棉铃形成期		-114		
成熟期		-1.6		
蔬菜整个生长期			10	
茶树嫩梢生长期		-0.8～-0.9		

三、合理灌溉的方法

农作物的需水量及灌溉临界指标的确立，为确定合理的灌溉制度奠定了基础。针对目前国内存在的单位面积灌水量过大、效率低等问题，节约用水、科学灌溉成为解决问题的关键。漫灌是目前国内应用广泛的灌溉方式，这种灌溉方式容易造成水资源的大量浪费，以及伴随着土壤冲刷导致的土地肥力下降和日趋盐碱化等现象。近年来，喷灌和滴灌技术开始在国内推广。喷灌是指利用动力设备将水分喷射到空中，水如雨滴般落到植物和土壤中。该技术在缓解大气和土壤干旱、维持土体结构、避免土壤盐碱化、节水等方面优势明显。滴灌是指利用埋于土壤中或置于地表的塑料管道，向农作物的根系输送水分，确保农作物的根系始终处于水分、空气和营养物质均衡的状态下。比如，黑龙江地区的喷灌机组、北京市郊地区采用的固定喷灌系统、南方丘陵地区采用的固定式柑橘喷灌系统、上海市近郊地区应用的喷灌技术等，目前都已经取得了较好的经济效益和社会效益。我国已有上千万平方米的农田采用了直管式灌溉，并与北沟灌区采用的井、渠灌溉技术相结合，既可以增加地表水和地下水的利用率，又能较为全面地利用灌溉回水，可以有效防止灌区的二次盐碱化。因此，合理选择灌溉方法，能够为植物的生长发育提供理想的生态环境。[1]

---

[1]　陈兴业，冶林茂，张硌．土壤水分植物生理与肥料学 [M]．北京：海洋出版社，2010.

第四章　植物的矿质营养与合理施肥应用

在生长的过程中，绿色植物需要很多营养元素，并且，绿色植物还需要从周围环境不断摄取土壤中的营养元素。如果绿色植物长期在一个地方生长，那么它的根系会不断向土壤摄取某些营养元素，导致土壤恶化，并使某些营养元素匮乏，使得土壤养分的有效性大大降低。俗话说，"地凭肥养，苗凭肥长"。施肥能够改善园林植物的营养状况，提高土壤肥力。

第一节　植物体内的必需元素

植物体由水分、有机物质和无机物质三种状态的物质所组成。若将植物材料放在 105℃下烘干，则失去的水分约占植物组织的 75%~95%，剩下的干物质占 5%~25%，就是无机物质和有机物质。再将干物质放在 600℃高温下充分燃烧，有机物质中的碳、氢、氧、氮分别以二氧化碳、水、分子态氮和氮的氧化物形式挥发掉，剩下的白色灰烬中的元素，统称为灰分元素或矿质元素，约占干物质的 1%~5%。

那么，植物体内究竟有哪些元素？据分析，地壳中存在的元素几乎都能在不同的植物体内找到，现在已发现 70 种以上的元素存在于不同植物中，但并不是每一种元素都是植物所必需的。[①]

目前已经确定 17 种元素为植物的必需元素。根据植物对元素需求量的差异，可以把这 17 种元素分为大量元素和微量元素两大类。

---

① 闵卜．植物与植物生理 [M]．上海：上海交通大学出版社，2007．

大量元素（major elements）又称大量营养元素，是指植物需求量较大、含量占植物体干重的0.1%或以上的矿质元素，包括碳（C）、氢（H）、氧（O）、氮（N）、磷（P）、钾（K）、钙（Ca）、镁（Mg）和硫（S）共9种（表4-1）。

表4-1　植物体内的大量元素及含量

元素	化学符号	占干重比例/%（或mg/kg）	在植物中的浓度/（mmol/kgDW）
氢	H	6	60 000
碳	C	45	40 000
氧	O	45	30 000
氮	N	1.5	1000
钾	K	1.0	250
钙	Ca	0.5	125
镁	Mg	0.2	80
磷	P	0.2	60
硫	S	0.1	30
硅	Si	0.1	30

微量元素（minor elements or trace elements）又称微量营养元素（micronutrients），指的是植物需求量很少、含量一般占植物干重0.01%或以下的矿质元素，包括铁（Fe）、锰（Mn）、硼（B）、锌（Zn）、铜（Cu）、钼（Mo）、氯（Cl）、镍（Ni）8种，它们分别于1860年、1922年、1923年、1926年、1931年、1938年、1954年、1987年被确认为植物必需元素（表4-2）。如果缺乏该类元素，则植物不能正常生长；若稍有过量，则反而会对植物造成毒害，甚至导致植物死亡。

表4-2　植物体内的微量元素及含量

元素	化学符号	占干重比例/%（或mg/kg）	在植物中的浓度/（mmol/kgDW）
氯	Cl	100	3.0
铁	Fe	100	2.0
硼	B	20	2.0
锰	Mn	50	1.0
钠	Na	10	0.4
锌	Zn	20	0.3
铜	Cu	6	0.1
镍	Ni	0.1	0.002
钼	Mo	0.1	0.001

有些元素虽不是所有植物的必需元素，但却是某些植物的必需元素，如硅是禾本科植物的必需元素。还有一些元素能促进植物的某些生长发育，被称为有益元素，常见的有钠、硅、钴、硒、钒、稀土元素等。

第二节 植物对矿质元素的吸收和运输

一、植物细胞对矿质元素的吸收

植物细胞对矿质元素的吸收是植物吸收矿质元素的缩影，是指矿质元素从细胞膜以外环境进入膜内的过程。细胞是植物体的结构单元，植物细胞吸收溶质的方式有被动吸收（passive transport）、主动吸收（active transport）和胞饮作用，其中胞饮作用不太普遍，因此溶质的跨膜运输主要通过被动吸收和主动吸收来实现，溶质分子跨膜运输的几种方式如图 4-1 所示。

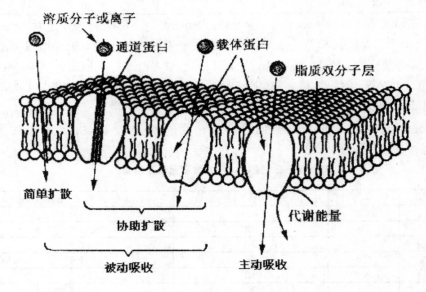

图 4-1 溶质分子跨膜运输的方式

（一）主动吸收

主动吸收是指离子或分子逆着电化学势梯度透过膜的过程。这个过程需要直接由代谢能量驱动。因此，呼吸抑制剂和解偶联剂均能抑制离子的主动吸收过程。主动吸收是一个直接与能量代谢相偶联，并将离子逆电化学势梯度吸收的过程，执行这一功能的蛋白质称为泵（pump），按转运的是离子还是中性分子又分为致电泵和电中性泵，其中，H^+ 泵和 Ca^{2+} 泵是两类主要的致电泵。

质膜上的 H^+ 泵在 H^+—ATP 酶作用下先将胞内的 H^+ 泵到胞外（图 4-2），从而产生胞内外的跨膜质子电化学势梯度，当这一能量梯度达到一定程度后，质子通过转运蛋白重新转运至胞内，并伴随着离子的进出。

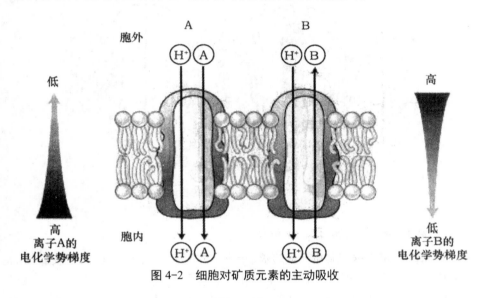

图 4-2　细胞对矿质元素的主动吸收

A. 同向转运；B. 反向转运

这里又分两种情况：

一种是同向转运。即某些离子（如一些阴离子或中性分子）和质子一起通过同向转运蛋白转运至胞内，也就是说被转运的离子与质子是相同方向的。值得注意的是，离子是逆电化学势梯度被转运的。

另一种是反向转运。即伴随着质子顺着自身的电化学势梯度通过反向转运蛋白从高到低转运，其伴随离子（如 K^+ 等阳离子）则逆电化学势梯度从低到高反向转运至胞外。

（二）被动吸收

被动吸收是离子或分子顺着电化学势梯度透过膜从而被细胞吸收的过程，这一过程无须代谢能量。除了一些小的中性分子能直接透过细胞膜外，一般离子的吸收需要通过专门的蛋白质才能进行（图 4-3），由于蛋白质在膜上的数量有限，因此通过这类蛋白质的吸收具有饱和现象。这些专门的蛋白质主要可分为以下两种。

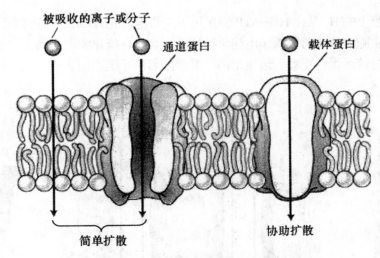

图 4-3　细胞对矿物质元素的被动吸收

1. 载体蛋白（carrier protein）

载体蛋白是一种跨膜蛋白，在离子电化学势的作用下，它先与被吸收的离子相结合，引起蛋白质构型发生变化，产生翻转而使离子进入细胞。不同的载体蛋白运输不同的离子，即与离子通道一样，载体蛋白也存在着离子的选择性。由于此过程涉及蛋白质构象的改变，因此，其运转离子的效率远小于离子通道，故又称为协助扩散（facilitated diffusion）。

2. 离子通道（ion channel）

离子通道指存在于细胞膜上的跨膜蛋白质，在中间形成一条能通过一定类型离子的通道。当通道打开时，离子顺着电化学势梯度直接被细胞吸收。离子通道的开闭由通道的环境变化（如渗透压、外界环境信号等）控制和调节；而且，不同的离子存在不同的通道，即离子通道具有选择性。目前已发现在质膜上存在阳离子通道（如 K^+ 通道、Ca^{2+} 通道、Na^+ 通道等）和阴离子通道（如 NO_3^- 通道、Cl^- 通道等），按吸收的方向分，还可将离子通道分为内流型和外流型两大类。上述中性分子直接透过膜和离子或分子通过离子通道的运转也称为简单扩散（simple diffusion）。

（三）胞饮作用

由于细胞质膜的内向凹陷、折叠而将物质转移到胞内的过程称为胞饮作用（简称为胞饮）。胞饮作用是一种非选择性吸收养分的方式，所以，通过胞饮作用，绿色植物会吸收到各种盐类、大分子物质和病毒等物质，由此绿色植物细胞可以最大限度地吸收大分子物质。但是植物吸收矿物质元素并不是通过胞饮作用实现的。

胞饮的过程是物质被质膜吸附时质膜内陷，物质便进入凹陷处，随后，质膜内折，逐渐将物质围起来而形成小囊泡。小囊泡向细胞内部移动，囊泡本身慢慢溶解消失，物质便留在胞内，或者小囊泡一直向内移动至液泡膜，最后将物质送到液泡内。

二、植物根系对矿质元素的吸收

有关植物根系吸收矿质元素主要区域的问题，是植物生理学家经常争论的问题。有实验表明，植物根尖顶端能够积累大量的离子，而根毛区积累的离子数则较少，但该部位的木质部已分化完全，所吸收的离子能较快地运出。根尖顶端虽有大量离子积累，而该部位无输导组织，离子不易运出（图4-4）。综合离子积累和运出的结果，确定根尖的根毛区为植物根部吸收矿质元素的主要部位，这一点与植物根系吸收水分的主要部位基本一致。

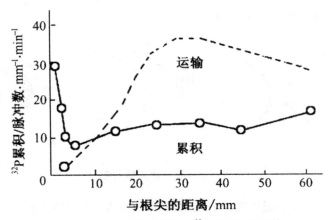

图4-4 大麦根尖不同区域 ^{32}P 的积累和运输

根系吸收矿质元素的过程如下：

（一）离子被吸附在根系细胞表面

根部呼吸产生的 CO_2 与 H_2O 作用生成 H^+ 和 HCO_3^-，然后与土壤中正负离子（如 K^+、Cl^-）交换，后者就可以被吸附在根表面，这种细胞交换吸附离子的形式，称为交换吸附。交换吸附是不需要能量的，吸附速度很快。在根部细胞表面，这种吸附与解吸附的交换过程不断进行。具体有以下情况：

1. 通过土壤溶液间接进行

土壤溶液在此充当"媒介"作用，根部呼吸释放的 CO_2 与土壤中的 H_2O 形成 H_2CO_3，H_2CO_3 从根表面逐渐接近土粒表面，土粒表面吸附的阳离子如 K^+ 与 H_2CO_3 的 H^+ 进行离子交换，H^+ 被土粒吸附，K^+ 进入土壤溶液形成 $KHCO_3$，当 K^+ 接近根表面时，再与根表面的 H^+ 进行交换吸附，K^+ 即被根细胞吸附（图 4-5A）。K^+ 也可能连同 HCO_3^- 一起进入根部。在此过程中，土壤溶液好似"媒介"根细胞与土粒之间的离子交换联系起来。

2. 通过直接交换或接触交换（contact exchange）进行

这种交换方式需要依据植物的根部到土壤颗粒的距离来进行，从实际情况来看，它们的距离比根部和土壤颗粒各自吸附离子的振动空间直径的总和小。因此，绿色植物根部吸附的离子可以和土壤颗粒吸附的离子进行交换（图 4-5B）。

3. 其他

有些矿物质为难溶性盐类，植物主要通过根系分泌有机酸或碳酸对其逐步溶解而达到吸附和吸收目的。

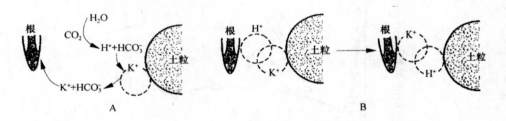

图 4-5　离子进入根内部

A. 通过土壤溶液和土粒进行离子交换；B. 接触交换

（二）离子进入根内部导管

离子从根表面进入根导管的途径有质外体和共质体两种。

1. 质外体途径

质外体又可以称为自由空间，质外体是指根部有一个外部区域，这个区域可以让外界溶液自由出入，并保持平衡扩散。虽然质外体的大小不能直接测定，但是可以通过推理得出自由空间的大小，换言之，通过推知组织中的表现体积推出自由空间的大小。在测定的过程中，应该把根系放入某溶液中，等到根内和根外的离子实现平衡之后，再进一步测定溶液中和根内进入自由空间的离子数（先把根浸泡在水中，让自由空间中的离子在水中扩散，最后再测定）。用下式可计算出表观自由空间：AFS（%）= 自由空间体积 / 根组织总体积 × 100= 进入组织自由空间的溶质数（μumoL）/ 外液溶质浓度（μmol/mL）× 组织总体积（mL）× 100。据测定，豌豆、大豆、小麦的表观自由空间约在 8%~14% 之间。离子在进入根部的自由空间时，主要运用的是扩散作用，但根部的内皮层细胞上有凯氏带，凯氏带不会让离子和水分通过，所以，只能在内皮层外面进行自由空间运输，而不能经过中柱鞘。离子和水只能通过共质体到达维管束组织。植物根部幼嫩部分的内皮层细胞还没有形成凯氏带之前，离子和水只能通过质外体进入导管。除此之外，内皮层的通道细胞没有加厚胞壁，所以，这些细胞也可以成为离子和水的通道。

2. 共质体途径

在自由空间中，离子可以进入原生质表面，随后，离子可以通过主动吸收或被动吸收到达原生质。离子在细胞内可以经过内质网和胞间连丝由表皮细胞到达木质部的薄壁细胞，之后，离子从木质部的薄壁细胞进入导管。离子释放的机理可以被动，也可以主动，并且，这个过程具有选择性。ATP 酶附着在木质部薄壁细胞质膜上，专家推测，这些薄壁细胞对离子运到导管具有重要的积极作用。当离子到达导管之后，主要通过水的集流到达地上器官中，该流程的主要动力是蒸腾拉力及根压。

三、叶片对矿质营养的吸收

除根系外，植物的地上部分，特别是叶片也能吸收部分矿质养分。

叶片吸收无机盐的途径是气孔和角质膜。不过，气孔甚小而水的表面张力较大，水分很难由气孔到达叶肉。除此之外，通过试验可知，叶片会在晚间关闭气孔，此时，叶片吸收离子的速度比白天快，所以，人们认为角质膜是叶片吸收无机盐的主要途径和水分进出表皮细胞的主要通道。

叶片吸收的养分与根吸收的养分一样，能在植物体内被运输、同化。因此常常通过在根外喷施肥料的方法，对作物进行追肥，并把这种方法叫作根外施肥或根外追肥。

根外追肥具有肥料用量少、肥效快的特点，有利于在不同生长发育期使用，特别是作物生长后期，根系生活力降低、吸收机能衰退时；或者土壤缺水，土壤施肥难以发挥效益时，叶面施肥的意义更大，同时还可以避免肥料（如过磷酸钙）被土壤固定失效和随水流失的弊端。实践证明，根外施肥的优越性非常明显，但是这种方式也有局限性，根外施肥无法代替土壤施肥。另外，作物的生长需要大量营养元素，且主要施用土壤施肥。施用根外施肥的过程中，如果溶液的浓度过高，则很容易损伤叶片；如果溶液的浓度较低，则无法满足作物对肥料的需求。而且喷洒式施肥很容易蒸发，不利于矿物质的溶解和吸收。

四、影响植物吸收矿质元素的外界因素

根系发达程度、根系代谢强弱乃至地上部的生长发育与代谢等内部条件都会影响到根部对矿物质的吸收。这里主要介绍外界因素对根部吸收矿物质的影响。

根系所处的外界因素主要是土壤，因此，影响根部吸收矿物质的外界条件大都与土壤有关。

（一）土壤温度

土壤中的温度太高或太低，都会影响根系对矿物质的吸收速率。当温度太高时，会让酶不断钝化，不利于植物根部代谢，另外，还会加大细胞的透性，让大量矿物质外流。当温度太低时，根部的代谢会减弱，主动呼吸的速度越来越慢，进而增大细胞质的黏性，无法让离子进入细胞，而且土壤中离子的扩散速度会逐渐降低。所以，只有土壤温度适宜时，细胞的吸收速率才会随着温度的升高不断提升。

（二）土壤通气状况

植物根部的呼吸作用和吸收矿物质之间联系紧密。所以，土壤的通气状况会影响矿物质的吸收。因为土壤中良好的通气状况可以促进气体交换，进而减少二氧化碳，增加氧气，由此，植物的呼吸作用增强，植物根系吸收矿物质的能力也会增强。

（三）土壤溶液的浓度

土壤的溶液浓度达到某一范围时，将溶液的浓度增大，则根部对离子的吸收能力也会增强。但如果土壤的浓度超出规定范围时，则根部对离子的吸收速率将与土壤浓度无关。出现这一现象的原因是根部细胞膜上的传递蛋白数有限。并且，随着土壤溶液浓度的增加，土壤的水势将会降低，最终导致

根部无法吸收水分。所以，在农业生产的过程中，不能过多施用化肥，因为这样会浪费肥料，并出现营养过剩和"烧苗"的现象。

（四）土壤溶液的 pH 值

土壤溶液中的 pH 值会对植物产生以下影响。首先，pH 值直接影响植物的根系生长。大多数情况下，根系处于微酸性环境中，植物的生长状态良好，但是甘蔗、甜菜等植物适合在碱性环境中生长。其次，pH 值会对土壤中的微生物生长造成影响，进而影响植物根系对矿物质的吸收。如果土壤中的 pH 值较低，则会导致根瘤菌死亡，进而使固氮菌丧失固氮能力。如果 pH 值较高，则对农业有害的反硝化细菌发育良好，这些细菌会导致植物的氮素营养流失。最后，PH 值会影响土壤矿物质的可利用程度。通常情况下，这一点影响比前两点的影响更大。土壤溶液的 pH 值会改变溶液中矿物质的溶解性（图4-6）。

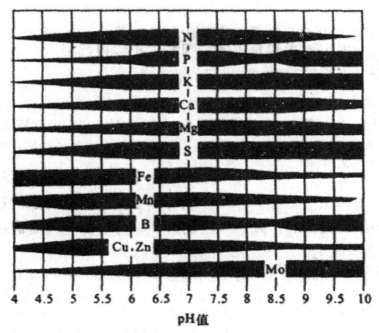

图 4-6　土壤溶液 pH 值对矿质元素可利用性的影响

（黑带厚度代表养分的溶解度）

当土壤溶液中 pH 值较低时有利也有弊。好处是有利于硫酸盐、碳酸盐、磷酸盐等物质的溶解，同时也有利于岩石的风化和其中的 K^+、Mg^{2+}、Ca^{2+}、

Mn^{2+} 等物质的释放，从而对植物根系吸收矿物质有一定的促进作用。但是当降雨时植物还没有吸收钙、磷、镁、钾等矿物质时，这些矿物质就有可能被雨水冲走（这就是南方的酸性红壤土壤缺乏上述元素的原因）。而且，当植物过度吸收在酸性环境下中的铁、铝、锰等元素时，这些元素在酸性环境下的溶解度会增大，过度吸收这些元素会造成植物毒害。反之，当 pH 值增高时钙、磷、镁、锌、铁、铜等元素就会形成不易溶解的矿物质，植物吸收这些物质的量就会减少。

（五）土壤中水分的含量

土壤中水分的多少对土壤溶液的浓度和土壤的通气状况有显著影响，对土壤温度、土壤 pH 值等也有一定影响，从而影响到根系对矿物质的吸收。不同性质的土壤含水情况不同。在农业生产中以团粒结构的土壤为好，这种土壤能较好地解决保水与通气之间的矛盾。

五、植物体内矿质元素的运输

（一）矿物质在植物体内运输的形式

矿质元素的离子进入根细胞后，有一部分在根内加工成复杂的有机物（氨基酸．维生素、生长素、细胞分裂素等）；另一部分进入根部细胞的液胞中贮藏起来；大部分随液流上升至地上部的茎尖、果实和叶子里，其中绝大部分合成各种有机物（氨基酸、蛋白质、核酸、类脂等），未形成有机物的矿质元素，仍以离子状态存在，其中有些是酶的活化剂。

已参加到生命活动中去的元素，也可以再分解并运送到其他部位重复利用，如 N、P、K、Mg 能再次利用，因此，它的缺乏病症从老叶开始。又如 Ca、Fe 不能再次利用，故此类元素缺乏病症从幼叶、茎尖出现。

不同矿质元素在植物体内运输形式不同，金属离子以离子状态运输，非金属离子以离子状态或小分子有机化合物形式运输。例如，根系吸收的氮素，多在根部转化成有机化合物，如天冬氨酸、天冬酰胺、谷氨酸、谷氨酰胺以及少量丙氨酸、缬氨酸和甲硫氨酸，然后运往地上部；磷酸盐主要以无机离子形式运输，还有少量在根部先合成磷脂酰胆碱和 ATP、ADP、AMP、6-磷酸葡萄糖、6-磷酸果糖等有机化合物后再运往地上部；硫的主要运输形式是硫酸根离子，但也有少数以甲硫氨酸及谷胱甘肽等形式运送。

（二）矿物质在植物体内运输的途径和速度

根系吸收的矿质元素在体内的径向运输，主要通过质外体和共质体两条途径运输到导管，然后随蒸腾流一起上升或顺浓度差而扩散。

通过木质部—韧皮部隔离法（图4-7）结合放射性同位素示踪研究证明，矿质元素在木质部向上运输的同时，也可横向运输。叶片吸收的矿质元素可向上或向下运输，其主要途径是韧皮部。此外，矿质元素还可从韧皮部活跃地横向运输到木质部，然后再向上运输。因此，叶片吸收的矿质元素在茎部向下运输以韧皮部为主，向上运输则是通过韧皮部与木质部。

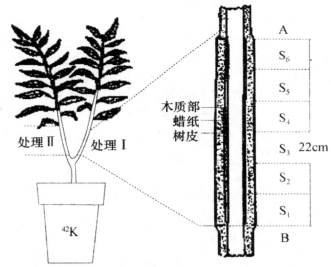

图4-7　放射性 42 K 向上运输的试验（$S_1 \sim S_6$ 表示不同部位）

植物种类、植物生育期及环境条件等因素都对矿质元素在植物体内的运输速率有不同程度的影响，其运输速率一般为 30 ~ 100cm/h。

第三节　植物的氮素同化分析

一、植物的氮源

氮气（N_2）在空气中的含量为78%，但是植物不能直接吸收利用这些分子状态的氮。能够直接利用大气中的氮气合成含有氮的有机化合物的也只有某些微生物而已，其中囊括与高等植物共生的固氮微生物。对于大部分在陆地生存的植物来说，能够利用的主要都是来自土壤中含有的氮。

土壤中的氮主要来自动植物和微生物腐烂分解形成的有机含氮化合物。植物不能直接吸收这些含氮化合物，因为其中大部分是不可溶解的，植物只能吸收其中的尿素、氨基酸、酰胺等具备水溶性的有机氮化物。其中尿素虽然是植物氮元素比较好的来源，但是尿素很容易就会被分解成 NH_3 和 CO_2，所以农民在田间所施的尿素，植物也只能吸收其中一部分的尿素分子。

无机氮化物是绿色植物最主要的氮源，在无机氮化物中，主要成分是铵盐及硝酸盐。植物在合成氨基酸的过程中，主要合成物是土壤中的氨态氮（NH_4^+）。植物在吸收硝酸氮（NO_3^-）的过程中，必须通过代谢还原反应才能形成氨态氮。[①]

二、硝酸盐的还原

硝酸盐还原成亚硝酸盐是在硝酸还原酶（NR）的催化下完成的。硝酸还原酶是一种含钼的黄素蛋白——黄素钼蛋白，存在于细胞质中，还原所用的电子供体（即还原剂）是还原型辅酶 I（烟酰胺腺嘌呤二核苷酸，简称NADH），是由糖酵解产生的。其还原过程如下：

即

$$NO_3^- + NADH + H^+ \xrightarrow{NR} NO_2^- + NAH^+ + H_2O$$

硝酸还原酶是一种诱导酶。诱导酶是指一种植物本来不含有某种酶，但在特定外来物质的影响下，可以生成这种酶。这种现象就是酶的诱导形成，所形成的酶称诱导酶。实验表明：水稻幼苗本无硝酸还原酶，但如果培养在

① 王衍安，龚维红．植物与植物生理 [M]．北京：高等教育出版社，2004.

硝酸盐溶液中，水稻体内就会诱导生成硝酸还原酶。这是高等植物底物诱导的少有实例，是植物对环境的一种生理适应。

硝酸盐的还原部位因植物而异，可以在根内进行，也以可在叶片内进行，但主要在叶片内进行。同一植物，硝酸盐的还原部位也与硝酸盐的含量有关，如豌豆，在叶内还原的比例随硝酸盐含量的增加而明显升高。

三、亚硝酸盐的还原

亚硝酸盐在体内积累会对植物产生毒害，正常情况下亚硝酸盐在亚硝酸还原酶（NiR）的催化下还原成氨。

亚硝酸盐还原的场所既可以在叶片中，也可以在根中。叶片中的亚硝酸还原酶存在于叶绿体内，电子供体是光合作用电子传递过程中产生的还原型铁氧还蛋白（Fd_{red}）：

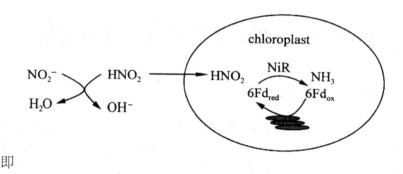

即

$$NO_2^- + 6e^- + 8H^+ \xrightarrow{Mg^{2+}} NH_4^+ + 2H_2O$$

+3 价的氮得到了 6 个电子，成为 −3 价，亚硝酸盐被还原成氨。光照可以加速这一过程，而黑暗条件下亚硝酸盐就会积累。

四、氨的同化

无论是植物从外界环境中吸收的铵盐，还是硝酸盐还原成的氨，在植物体内都不能累积。氨浓度过高会对植物产生毒害，正常情况下，氨进一步同化为体内的有机含氮化合物。这一过程由谷氨酰胺合成酶和谷氨酸合成酶分别催化的两步反应共同组成。

$$NH_3 + 谷氨酸 + ATP \xrightarrow{Mg^{2+}} 谷氨酰胺 + H_2O + ADP + Pi$$

$$谷氨酰胺 + \alpha- 酮戊二酸 + NADH + H^+ \longrightarrow 2 谷氨酰 + NAD^+$$

这一过程需要消耗能量ATP，其还原剂为NADH，二者均来自于呼吸作用，α- 酮戊二酸也是呼吸作用过程中的中间产物。因此，当含氮有机物合成加强时往往会伴随呼吸作用的增强。所形成的谷氨酸再通过转氨基作用形成多种氨基酸，如丙氨酸、甘氨酸、天冬氨酸等，氨基酸可进一步合成蛋白质。

当氨的供应过多，或当植物体内碳源不足时，多余的氨则以谷氨酰胺的形式贮存起来，解除了游离氨对植物体的毒害；而当植物体需要氨时，它又可从谷氨酰胺中放出，因此谷氨酰胺犹如氨的贮存库。

第四节 合理施肥的生理基础与应用

一、合理施肥的依据

施肥要具有一定的科学性和规律性，各种肥料成分在施用时应有一定的比例，并要注意不同营养元素之间有互相促进和互相拮抗作用，如土壤中缺少氮素时，植物对磷吸收就会受到影响。因此，要掌握植物吸收养分的特点，做到合理施肥，提高肥料的利用率。

（一）气候

气候条件是影响施肥的重要因素，尤其是气温和降雨量是施肥时机的重要选择。比如，低温不仅会减慢土壤养分的转化，造成植物吸收障碍，还会对植物吸收养分的能力造成影响，降低植物养分的获取效率。试验表明，在园林植物需要的各种各样的元素之中，磷是对温度变化最敏感的一种元素，低温条件下磷元素的吸收会受到极大的影响。

（二）土壤

土壤的厚度、水分含量、有机物质含量、酸碱度以及氮磷钾三营养物质的构成比例等对园林植物施肥时机和施肥量的选择具有重要的影响。

1. 土壤腐殖质含量情况

含腐殖质多的土壤，结构性良好，保肥和保水能力很强，肥效持久，土壤微生物活动也旺盛，因而植物长得好，故要设法多施有机肥，以增加土壤中的有机质。

2. 土壤反应情况

土壤酸碱性对施肥有一定的影响。土壤呈微碱性，而多数观赏植物喜欢微酸性环境，因此宜施用生理酸来生肥，如硫酸铵、过磷酸钙等。

3. 土壤质地情况

黏重土壤含水多，而通气不好，因此施用有机肥时应浅施，以加速其分解；沙质土壤保肥能力较差，雨水多了肥分易流失，因此宜分多次施。

（三）植物

1. 植物种类

植物的种类多样，植物的生长习性相差较大，所需养分比例也存在很大的不同，如泡桐、杨树、重阳木、香樟、桂花、茉莉、月季、茶花等园林植物生长速度非常快，并且生长量巨大，这些树木相比柏木、马尾松、油松、小叶黄杨等慢生耐瘠树种，则对肥料数量和种类的需求要简单得多。

2. 植物生长发育阶段

植物在不同生长发育阶段，对养分的需求量和种类也各不相同。如在苗期，花草类氮的供应量应较多，以满足枝、叶、花迅速生长的需要；花芽分化孕蕾期，应增施磷、钾肥；坐果期，应适量控制施肥；后期增施磷肥，可促使花大、花多，提早开放。另外，在深秋、初冬施用磷、钾肥，可以促进木质化和增强植物的抗逆性和抗寒性。多施钾肥还可以提高植物的抗病能力，增加花的香味。

3. 植物用途

植物施肥方案的选择也必须充分参考园林植物的用途。一般来说，观赏性的植物，观叶、观形的园林植物对氮肥的需求量很大，而观花观果的植物则需要大量补充磷、钾才能保证最好的观赏效果。据有关部门的统计，城市里的行道树大部分都生活在营养元素种类缺乏的环境中，如城市行道树木所需钾、镁、磷、硼、锰、硝态氮等元素远远少于野生树木。

（四）耕作、栽培技术

1. 耕作

土壤耕作主要是为了创造良好的土壤结构、改善土壤的物理性质，此时施肥能提高植物对肥料的利用能力。

2. 栽培技术

各种植物因栽培方法不同，施肥也要相应配合。如月季花需要经常整枝，每次开花后要剪去枯萎的花枝，相应地必须在整枝后及时追肥，以补充养分的损失，促进栽培植物的正常生长。

二、作物需肥规律

（一）不同作物或同一作物的不同品种需肥不同

虽然每种作物都需要各种必要元素，但不同作物对三要素（氮、磷、钾）所要求的绝对量和相对比例都不一样。油菜、棉花等植物需要大量的氮、磷、钾，在种植的过程中需要充分供给；而水稻和玉米等植物不仅需要氮，还需要磷肥和钾肥，小白菜、大白菜等叶菜类植物也需要大量氮肥，让叶片更肥大，质地更柔嫩；大豆、花生等豆科类植物的根瘤可以起到固氮的作用，需要大量磷和钾。马铃薯和甘薯等植物也需要大量磷和钾，此外，还需要一定量的氮。和其他植物不同，油料作物需要镁元素。

（二）作物不同，需肥形态不同

烟草的生长不仅需要氨态氮，还需要硝态氮，硝态氮可以让烟味产生更多有机酸，进而提升可燃性。另外，氨态氮可以促进芳香挥发油产生，增加烟草的香味，因此，烟草最好施用 NH_4NO_3。一般情况下，水稻根缺少硝酸还原酶，因此，水稻根无法还原硝酸，水稻应该使用氨态氮。不同的是，马铃薯和烟草等不适合施用氯，氯会使烟叶的可燃性及马铃薯的淀粉含量降低，因此，草木灰为原料的钾肥比氯化钾更好。

（三）同一作物不同生育期需肥不同

同一作物在不同生育时期中，对矿质元素的吸收情况也是不一样的，在萌发期，种子贮藏的养分更多，因此，这一时期的作物不吸收矿物质。另外，幼苗期也很少吸收矿物质，到开花结果期时，作物对矿物质的吸收最多，后期，作物的吸收量会越来越少，最后停止，不同的作物对各种元素的吸收情况不同。

总之，不同的作物、品种和生长发育期，作物对肥种的需求不同，所以，在培育作物的过程中，一定要注意科学施肥。

三、合理施肥的方法

根据施肥对象的不同，可以有很多种施肥方法。例如，对于有大片分布的植物，可用撒施的方法；如果是孤植大树，可沟状施肥，也可穴状施肥；对于行列式栽植整齐的片植树林，可以在行与行间挖沟施肥。

（一）土壤施肥

土壤施肥是指直接将肥料施入土壤，随后，园林植物的根系吸收肥料，这种施肥方法常用于园林植物培育。

在给土壤施肥的过程中，必须依据根的分布特点把肥料集中施在吸收根附近，这样才能让根系充分吸收。施肥时，一定要将肥料施在根的四周，不能紧靠树干。植物的根系越强大，分布得越深远，施肥的过程中应该将肥料往更深的地方施，加大施肥范围；如果是根系较浅的植物，则应该浅施，缩小施肥范围。由理论可知，正常情况下的园林植物的根系主要分布在 20～60 厘米的地下范围内；多数情况下，根系的水平分布范围和植物的冠幅大小一致，它们主要分布在树冠的外围边缘，因此，我们应该在树冠的外围水平地面投影的地方挖施肥坑或沟。通常情况下，很多园林植物都会由专人修剪整理，这样会大幅度缩小树冠的冠幅，由此，园林植物的施肥范围很难明确。有人曾建议，当面对这种情况时，我们可以在离地面 30 厘米的地方将树干的直径增大 10 倍，并以此距离为半径，以树干为圆心，明确划分出根系的吸收分布区，换言之，这个圆周的附近范围就是应该施肥的范围。

实际上，园林植物的施肥范围和施肥深度和植物的种类、土壤、植株大小和肥料等紧密联系。对于深根性树种、坡地以及沙地、移动性差的植物肥料来说，应该深施，不适合浅施，如果植物的性能相反，则适合浅施；当树的年龄不断增大时，施的肥料也应该逐渐增加，并不断扩大范围和增加深度，以此适应植物的生长发育规律。施肥时，应该选晴朗、干燥的天气，如果下雨天施肥，树根对肥料的吸收速率变慢，很难充分吸收养分，并且，肥料还会被雨水冲走，浪费肥料。施完肥料以后，必须及时灌水，让肥料充分渗透至土壤中，促进植物吸收，否则会影响土壤的肥料浓度。

现将生产上常见的土壤施肥方法介绍如下。

1. 环状沟施

环状沟施是在树冠外围稍远处挖一环状沟，沟宽 30 ~ 50 cm，深 20 ~ 40 cm，把肥料施入沟中，与土壤混合后覆盖。此法具有操作简便，经济用肥等优点，适于幼苗使用。但挖沟时易切断水平根，且施肥范围较小，易使根系上浮分布表土层（图 4-8），因此多适用于园林孤植树。

图 4-8　环状沟施

2. 放射状沟施

放射状沟施是在树冠下，距主干 1 m 以外处，顺水平根生长方向放射状挖 5 ~ 8 条施肥沟，宽 30 ~ 50 cm，深 20 ~ 40 cm，将肥施入。为减少大根被切断，应内浅外深。可隔年或隔次更换位置，并逐年扩大施肥面积，以扩大根系的吸收范围（图 4-9）。

图 4-9　放射状沟施

3. 穴状施肥

穴状施肥（图 4-10）与沟状施肥很相似，若将沟状施肥中的施肥沟变为施肥穴或坑，则就成了穴状施肥，栽植前的基肥施入，实际上就是穴状施肥。

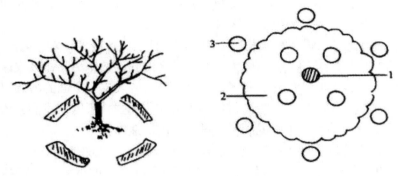

图 4-10　穴状施肥

1—树干；2—树冠投影；3—施肥穴

为了促进植物生长和生产，主要以环状穴位形式施肥。在施肥的过程中，施肥穴通常会沿着树冠分布在地面的投影线附近，施肥穴通常为 2 ~ 4 圈，以同心圆环状为主，并且，内圈和外圈的施肥穴应该交叉分布，所以，这种施肥方式对根的伤害较少，肥效均匀。当前，国外的这种施肥方式已经可以机械操作。将肥料按照比例配好，放入特定容器中，用空气压缩机和钢钻爸肥料施入土壤，让植物根系吸收。这种操作方式快捷方便，对地面伤害较小，很适合城市绿化。

4. 全面施肥

全面施肥是将肥料均匀地撒布于园林植物生长的地面，然后再翻入土中。全面施肥分撒施与水施两种。

撒肥是把肥料均匀地撒在园林绿植生长的范围，再通过翻土促进养分吸收。这种施肥方法简单快捷，且施肥均匀，但是，因为施加肥料时是浅施，很容易造成养分流失，并且，因为施肥量较大，很容易让根系上浮，进而使根系的抗性降低，这种方法如果可以和其他方法交替运用，可以做到取长补短，进而最大化发挥肥料的功效。

通常情况下，水肥主要和滴灌、喷灌一起施用。如果水肥施用及时，那么土壤的肥效分布也会比较均匀，这样不仅可以保护根系，还可以保护土壤结构，节约劳动力，所以，高效率利用肥料是一种具有发展潜能的施肥方式。

（二）根外施肥

1. 叶面施肥

叶面施肥，实际上就是水施。具体的做法为：将规定用量、成分和浓度的营养溶液，通过机械手段喷洒到植物的叶面之上，利用叶面气孔和角质层的吸收作用，将养分吸收到植物的体内。

叶面的施肥效果和叶子的结构、年龄、肥料性质、湿度等元素息息相关。幼叶的生理机能比较强盛，具有较大气孔，较老的叶片效率更高，吸收速度越快；相较于叶面，叶背的气孔更多，并且，叶背的表皮层下面的海绵组织更加疏松，细胞的间隙更大，渗透作用和呼吸作用更强，所以，我们应该对叶子的正反面进行喷洒。不同的肥料，进入叶内的速度也不同。比如，硝态氮和氯化镁进入叶内需要 15 秒，硫酸镁则需要 30 秒，硝酸钾需要 1 小时。根据试验结果，给叶面施肥的最佳温度是 18℃～25℃，湿度越大，效果越好，所以，夏季喷雾最好在上午十点以前及下午四点以后。

叶面是一种比较优秀的施肥方式，它用肥量小，效率高、见效快，还可以有效避免使用化肥对土壤造成的污染与损害。叶面施肥在缺水季节、干旱地区以及土壤施肥条件不成熟的地区可以大范围推广，另外对于植株体型高大的树木，也适宜采用叶面施肥。

值得注意的是，给叶面喷肥主要通过角质层及气孔进入叶片随后运送至植物的各个器官，通常情况下，幼叶比老叶的吸水速度更快，吸收作用更强，因此，叶面施肥要注意喷洒的位置；另外，叶面喷肥还应该明确浓度，避免出现烧伤叶片的问题，最好的喷施时间是阴天、上午十点以后、下午四点以后，避免气温高影响植物吸收，进而影响喷肥效果，甚至出现病虫害。

2. 枝干施肥

枝干施肥是指植物吸收肥料主要通过植物的枝和茎，主要的吸收部位是韧皮部，韧皮部的吸肥机理及效果和叶面施肥的方式雷同。枝干施肥又可以分为枝干注射和枝干涂抹，前者需要用专门的注射仪器进行注射，当前，我国已经拥有了专业的注射仪器，后者是把植物的枝干刻伤，再用固体药棉涂抹刻伤部位。枝干施肥方式主要用于珍稀树种、园林植物及衰老花卉等植被的营养供给。比如，在栀子花的枝干上涂抹 2% 浓度的柠檬酸溶液注射和 1% 浓度的硫酸亚铁加尿素，短时间内，这种做法可以改善栀子花的缺绿症，且效果非常明显。

施肥方法还有滴灌施肥、冲施肥料等方法，国外还生产出可埋入树干的长效固体肥料，通过树液湿润药物缓慢地释放有效成分，有效期可保持 3 ～ 5 年，主要用于行道树的缺锌、缺铁、缺锰的营养缺素症。

第五章　植物的光合作用与作物生产应用

绿色植物属于自养植物，在地球上广泛分布。绿色植物主要通过光合作用合成有机物质为自身的活动提供物质支持。太阳能生物也主要是通过光合作用的方式利用太阳能。光合作用是植物进行能量和物质代谢的前提与基础。绿色植物的光合作用在维持自然平衡和人类社会生存发展方面具有重要的作用。农业生产可以充分借助光合作用的方式提高作物的产量。

第一节　光合作用及其生理意义

一、光合作用

光合作用指的是植物借助光能将水与二氧化碳转化成有机物和氧气的过程，对于植物来说，光合作用是所有生命活动中最重要的活动。

光合作用是一个复杂的生物氧化还原反应，在反应中 CO_2 作为电子受体被还原成碳水化合物（CH_2O），而 H_2O 是作为电子供体，被氧化释放出 O_2；氧化还原反应所需的能量来自光能，在反应过程中完成了光能到化学能的转变。光合作用反应式表示为：

$$CO_2 + H_2O \xrightarrow{\text{光能、绿色植物}} (CH_2O) + O_2 \uparrow$$

说起来简单，但实际上光合作用是一种极为复杂的过程，它包括光反应（由光引起的光物理和光化学反应）和暗反应（此过程不需要光，而是由一系列具有活性的蛋白质－酶所催化的化学反应）。这两种反应过程，其实涉及光能的吸收、传递和转换，以及光合产物的形成等许多复杂的步骤。此外，光合作用是一个吸能反应，它每固定或还原 1 克 CO_2，大体可贮存于光合产物（如葡萄糖）中的能量为 2590.9 卡自由能（1 卡 =4.184 焦耳）。因此，绿色植物光合作用的结果是吸收光能，并把它转化成贮存于植物体内的化学能。

当你了解到什么是光合作用时，就不难想象为什么在自然界到处可见到绿色植物。因为光合作用所利用的太阳光能，可以说是取之不尽、用之不竭的，而所用的原料又是广泛分布于地球表面的水和大气层中的 CO_2，因此绿色植物便可不费吹灰之力，在阳光普照的地方从周围环境中获取能量和原料。这便决定了绿色植物数量巨大，分布广泛，从海洋到高山、从热带到寒带无所不在。[①]

二、光合作用机理

光合作用的实质是将光能转化为化学能。根据能量转化的性质，可以将光合作用的过程分为三个阶段：

第一，原初反应（包括光能的吸收、传递和光能转换为电能）。

第二，光合电子传递和光合磷酸化（包括电能转换为活跃的化学能）。

第三，二氧化碳同化（包括二氧化碳的固定与还原，即把活跃的化学能转换为稳定的化学能，形成有机物）。

前两个阶段是在叶绿体基粒片层（光合膜）上进行的，由于其主要过程需要在光下进行，一般称为光反应。而第三个阶段是酶促生物化学反应，在有光和黑暗条件下均可进行，因此一般称为暗反应，它是在叶绿体间质中进行的。

（一）原初反应

原初反应是指从光合色素分子被光激发到引起第一个光化学反应为止的过程。它包括光能的吸收、传递与光化学反应。

1. 光能的吸收与传递

在光合色素中，大多数叶绿素 a 和全部的叶绿素 b、类胡萝卜素有收集光能的作用，被称为聚光色素或天线色素。聚光色素像漏斗一样收集光能，最终把光能传递给作用中心色素。作用中心色素是指吸收由聚光色素传递而来的光能，激发后能发生光化学反应引起电荷分离的光合色素。在高等植物

---

① 何远光．植物的光合作用 [M]．呼和浩特：内蒙古大学出版社，2000.

中，作用中心色素是吸收特定波长光子的叶绿素 a 分子。

高等植物光合作用的两个光反应系统有各自的反应中心。光反应系统 I（PSI）的作用中心色素是 P700，它是由两个叶绿素 a 分子组成的二聚体，最大的波长位置为 700nm；另一个光反应系统 I（PSI）的作用中心色素是 P680，它也是两个叶绿素 a 分子组成的二聚体，最大的波长位置为 680n，作用中心色素与聚光色素之间有深层次的联系，光量子吸收之后，在将其传递转移到作用中心色素分子的过程中需要使用叶绿素分子。也就是说，作用中心色素与聚光色素之间共同构成了一个光合单位，光合单位中的作用中心色素分子数量只有一个，但是存在其他的色素，其他色素的作用是聚光。

2. 光化学反应

光化学反应指的是作用中心色素将光能吸收之后而导致的氧化还原反应。氧化还原反应想要顺利进行，光合作用中心中需要包含至少一个原初电子受体、原初电子供体及作用中心色素。氧化还原反应顺利发生的情况下，光能可以转变为电能。

光能被聚光色素分子吸取并且传递到作用中心之后，光量子可以激发作用中心色素，在受到激发的情况下，作用中心色素电荷分离，然后变成氧化态。作用中心色素失去的电子被原初电子受体接收之后，还原反应完成。反应中心色素没有电子之后，所带电荷为正电荷。这时，它可以吸收原初电子供体的电子恢复成原来的状态。上述过程可用下式表示：

$$D \cdot P \cdot A \xrightarrow{h\nu} D \cdot P^+ \cdot A^- \longrightarrow D^+ \cdot P \cdot A^-$$

式中，D 为原初电子供体；P 为反应中心色素分子；A 为原初电子受体。光合作用原初反应的能量吸收、传递和转换关系总结见图 5-1。

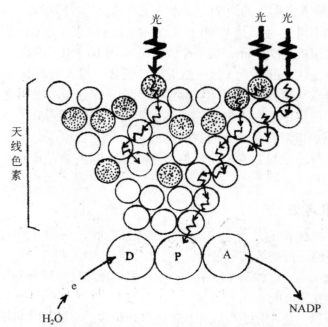

图 5-1 光合作用原初反应的能量吸收、传递和转换图解

粗的波浪箭头表示光能的吸收，细的波浪箭头表示能量的传递，直线箭头表示电子的传递；空心圆圈代表聚光性叶绿素分子，有黑点圆圈代表类胡萝卜素等辅助色素；P. 作用中心色素分子；D. 原初电子供体；A. 原初电子受体；e. 电子

反应中心色素受光激发而发生电荷分离，将光能变为电能，产生的电子经过一系列电子传递体的传递，引起水的裂解放氧和 $NADP^+$ 还原，并通过光合磷酸化形成 ATP，把电能转化为活跃的化学能。

（二）光合电子传递与光合磷酸化

1. 光合电子传递

光合作用的电子传递在蛋白质复合体间进行的。目前被广泛接受的光合电子传递途径是"Z"方案，即电子传递是由两个光系统串联进行，其中的电子传递体按照氧化还原电位高低排列，使电子传递链呈侧写的"Z"形（图 5-2）。

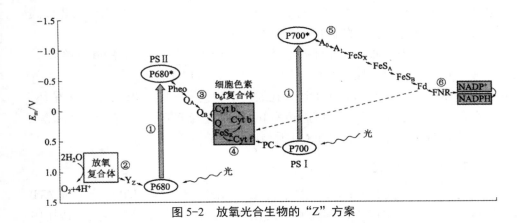

图 5-2 放氧光合生物的"Z"方案

图中虚线表示 PS I 的环式电子流动

光合电子传递的过程可归纳如下：

（1）PS Ⅱ反应中心色素 P680 的电子被光激发，形成强氧化力，在类囊体腔内侧的 OEC 进行水光解放氧反应，释放质子于类囊体腔中；激发态电子经脱镁叶绿素和次级电子受体传递，还原质体醌 PQ 为 PQH_2。

（2）细胞色素 b_6f 复合体氧化夺取 PQH_2 的电子，经细胞色素、铁硫蛋白传递给质体蓝素 PC，再将电子传递给 PS Ⅰ。PQH_2 的每次氧化过程伴随有 1 个质子从基质跨膜转运到类囊体腔中，1 个分子 PQH_2 被氧化时，传递 2 个电子和 2 个质子，从而与传递电子偶联累积跨膜质子动力势。

（3）PS Ⅰ反应中心色素 P700 的电子同时被光激发后，被叶绿素 a 和叶醌接受，再经铁硫蛋白传递到铁氧还蛋白 Fd，在叶绿体基质一侧通过 FNR 将 $NADP^+$ 还原为 NADPH。而 P700 接受 PC 传递来的电子被还原。至此，完成整个电子传递过程。

（4）与电子传递偶联的是 ATP 合酶，利用质子从类囊体腔返回基质的过程中所释放出的质子动力势驱动 ATP 的合成。

农业上经常使用的除草剂，如二氯酚二甲基尿脲（DCMU，敌草隆）和百草枯等，就是通过阻断光合电子传递链而发挥作用的。DCMU 在 PS Ⅱ 通过与 PQ 发生竞争性结合而阻断光合电子流，百草枯则从 PS Ⅰ 的电子受体处夺取电子，与氧气反应形成超氧化物（O_2^-），对叶绿体的组分尤其是膜脂产生危害。

光合作用中的电子传递有多种方式：

非环式电子传递。由 PS Ⅱ 的 OEC 氧化水产生的电子，经细胞色素 b_6f

复合体至 PS Ⅰ，最后经 Fd 还原 $NADP^+$，这样的电子传递方式称为非环式电子传递。它是最主要的电子传递途径。

假环式电子传递。在非环式电子传递途径中，如果电子经 Fd 交给 O_2，形成 H_2O_2，而不是还原 $NADP^+$，则被称为假环式电子传递。

循环式电子传递。PS Ⅰ上还存在通过细胞色素 b 环绕 PS Ⅰ的电子循环，此循环由质体醌提供电子给细胞色素 b，再通过与 P700 紧密结合的叶绿素 a 传递给 P700，这是没有涉及 PS Ⅱ的循环式电子传递。

2. 光合磷酸化

光合磷酸化是指叶绿体光照下将无机磷酸（Pi）与 ADP 结合形成 ATP 的过程。如只发生电子传递而不伴随磷酸化，则称为去偶联。光合作用中 ATP 的合成与电子传递过程相偶联，同样也被分为三种类型，即非环式光合磷酸化、假环式光合磷酸化和循环式光合磷酸化三种类型。

光合磷酸化与电子传递是通过 ATP 酶联系在一起的。ATP 合酶由跨膜的 CF_0 单位和位于基质一侧起催化作用的 CF_1 单位组成。CF_1 包括 5 种亚基：α、β、γ、δ、ε，其中，α 和 β 亚基各 3 个，与 γ 亚基组成复合体的催化部位；δ 亚基连接 CF_1 和 CF_0，并且阻止质子泄漏；ε 亚基抑制酶的活性。CF_0 包括 a、b、b'、c 4 种亚基，其中多条 c 亚基形成质子通道，a 亚基可能与形成质子通道的孔有关，b 和 b' 亚基可能起连接作用（图 5-3）。

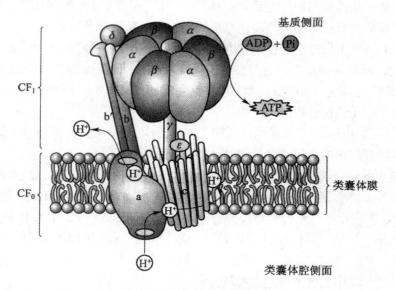

图 5-3　ATP 合酶结构示意图

关于光合磷酸化的机理，Mitchell 于 20 世纪 60 年代提出化学渗透机制予以解释。该学说认为，在电子传递过程中，PQ 将电子从 PS Ⅰ 传递给细胞色素 b_6f 的同时，会把基质中的质子转运至类囊体腔内，由于类囊体膜对质子具有不可透过性，即质子不能自由返回基质。此外，PS Ⅱ 的水光解放氧过程也在类囊体腔中积累质子，而在基质一侧 $NADP^+$ 的还原不断消耗质子，因此类囊体膜内、外产生了 pH 差异（ΔpH），质子带电荷，从而也在膜内、外产生很大的电势差（ΔE），ΔpH 与 ΔE 合称质子驱动力，即光合磷酸化的动力。

关于 pmf 如何驱动 ATP 合成，Boyery 提出的结合转化机制对此给出了解释。他认为，ATP 合酶 F_0 的 3 个 β 亚基各具一定的构象，分别称为紧张（T）、松弛（L）和开放（O）状态，各自对应于底物的结合、产物的形成和释放 3 个过程（图 5-4）。构象的相互依次转化是与质子通过引起 γ 亚基的旋转相偶联的。当质子顺质子动力势流过 F_0，使 γ 亚基转动，γ 亚基的转动引起 β 亚基的构象依紧张→松弛→开放的顺序发生改变，使 ATP 得以合成并从催化复合体上释放。

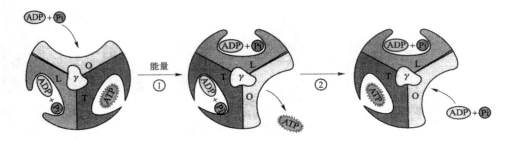

图 5-4 ATP 合成的结合转化机制模式图

γ 亚基的转动引起 β 亚基的构象依紧张（T）→松弛（L）→开放（O）的顺序发生改变，完成 ADP 和 Pi 的结合、ATP 的合成以及 ATP 的释放过程。

（三）光合碳同化

二氧化碳的同化，是指利用光合磷酸化中形成的同化力——ATP 和 NADPH·H^+ 去还原 CO_2 合成碳水化合物，使活跃的化学能转换为贮存在碳水化合物中稳定的化学能的过程。

碳同化是在叶绿体的间质中进行的，有一系列酶参与反应。根据碳同化过程中最初产物所含碳原子的数目及碳代谢的特点，将碳同化途径分为三类，即 C_3 途径、C_4 途径和景天酸代谢途径。C_3 途径为最基本、最普遍，同时也只有此途径才具备合成淀粉的能力，并把只有 C_3 途径的植物称为 C_3 植物。

1. 卡尔文循环（C_3 途径）

由于此途径是卡尔文（Calvin）等人在 1950 年发现的，故称卡尔文循环或光合碳循环。卡尔文循环的整个过程如图 5-5 所示。

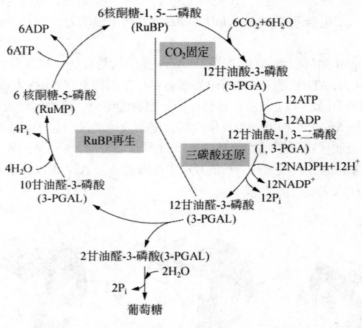

图 5-5 卡尔文循环示意图

以上卡尔文循环的整个过程是由 RuBP 开始至 RuBP 再生结束。整个循环分为羧化、还原、再生三个阶段。

（1）羧化阶段。羧化阶段指进入叶绿体的 CO_2 与受体 RuBP 结合并水解产生 PGA 的反应过程。CO_2 在被 $NADPH+H^+$ 还原以前，首先被固定成羧酸。核酮糖 -1，5- 二磷酸（RuBP）作为 CO_2 的受体，在 RuBP 羧化酶／加氧酶的催化下，使 RuBP 和 CO_2 结合生成磷酸甘油酸（3-PGA）（图5-5反应①）。RuBP 羧化酶／加氧酶具有双重功能，既能使 RuBP 与 CO_2 起羧化反应，推动 C_3 循环，又能使 RuBP 与 O_2 起加氧反应而引起 C_2 碳循环，即光呼吸。

反应式 1

$$核酮糖 -1，5- 二磷酸 +CO_2+H_2O \xrightarrow[\text{RuBP 羧化酶}]{Mg^{2+}} 2，3 —磷酸甘油酸$$

（2）还原阶段。首先，3-PGA 被 ATP 磷酸化形成 1，3- 二磷酸甘油酸（1，3-PGA），然后被 NADP H+H$^+$ 还原成了三磷酸甘油醛（PGAL），上述反应分别由 3 —磷酸甘油酸激酶和丙糖磷酸脱氢酶催化（图 5-5 反应②③）。

反应式 2

$$3 —磷酸甘油酸 +ATP \xrightarrow{\text{3 —磷酸甘油酸激酶}} 1，3 —磷酸甘油酸$$

反应式 3

$$1，3 —磷酸甘油酸 +NADPH+H^+ \xrightarrow{\text{丙糖磷酸脱氢酶}}$$

$$1，3 —磷酸甘油醛 +NADP+H_3PO_4$$

（3）再生阶段。3- 磷酸甘油醛重新形成 1，5- 二磷酸核酮糖（RuBP）的过程（图 5-5 反应④）。

反应式 4

$$3 —磷酸甘油醛 +3ATP+2H_2O \longrightarrow 3RuBP+3ADP+2Pi+3H^+$$

PGAL 经过一系列转变，再形成 RuBP；RuBP 可连续参加反应，固定新的 CO_2 分子。

因为磷酸甘油酸是三碳化合物，所以这条碳同化途径也称 C_3 途径。通过 C_3 途径进行光合作用的植物称 C_3 植物。小麦、水稻、大豆、棉花、烟草、油菜等均属 C_3 植物。

2. C_4 途径

20 世纪 60 年代中期，哈奇（M. D. Hatch）和斯莱克（C. R. Slack）研究证实，在一些光合效率高的植物中，如玉米、甘蔗等，其光合固定 CO_2 后的第一个稳定性产物是 C_4- 二羧酸，由此发现了另一条 CO_2 的同化途径，由于这条途径 CO_2 固定的最初形成产物是 C_4 化合物，故称为 C_4 途径，也称为 C_4- 二羧酸途径或 Hatch-Slack 循环。具有这种碳同化途径的植物称为 C_4 植物：至今已发现禾本科、莎草科、苋科、藜科、大戟科、马齿苋科、菊科等 22 科的 1700 多种 C_4 植物。大多数 C_4 植物具有 "花环" 解剖结构特点——在叶脉周围有一圈含叶绿体的维管束鞘细胞（bundle sheath cell，BSC），其外面又环列着叶肉细胞。而 C₃ 植物的 BSC 内不含叶绿体，外围的叶肉细胞分布无规则（图 5-6）。

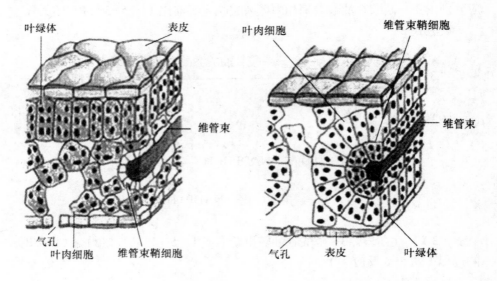

（a）C₃ 植物叶片； （b）C₄ 植物叶片

图 5-6 C₃ 和 C₄ 植物叶片结构的比较

C₄ 植物的光合碳同化先后在叶肉细胞和维管束鞘细胞中进行，其过程大致可分为 4 个阶段（图 5-7）。

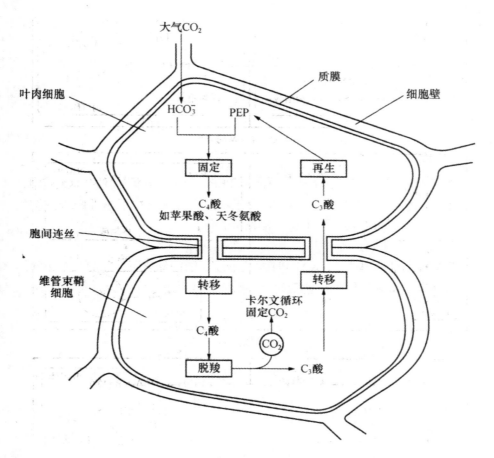

图 5-7　C_4 植物光合碳同化途径示意图

C_4 途径大致分为 CO_2 固定、CO_2 还原、CO_2 转移与脱羧反应和 PEP 的再生四个阶段，以下重点介绍前三个阶段。

（1）CO_2 固定。

C_4 途径的 CO_2 受体是磷酸烯醇式丙酮酸（PEP），它在磷酸烯醇式丙酮酸羧化酶（PEP 羧化酶）的催化下，固定 CO_2 形成草酰乙酸（OAA）。其反应式为：

$$\begin{array}{l} CH_2 \\ \parallel \\ C-O(P) + CO_2 + H_2O \end{array} \xrightarrow{\text{PEP羧化酶}} \begin{array}{l} COOH \\ \mid \\ C=O + Pi \\ \mid \\ CH_2 \\ \mid \\ COOH \end{array}$$

PEP   OAA

与 C_4 途径不同的是，催化此反应的 PEPC 分布在叶肉细胞的细胞质中，因此在 C_4 途径中，固定 CO_2 的最初反应不是在叶绿体中而是在叶肉细胞的细胞质中进行。PEP 羧化酶也是一种光调节酶。

（2）CO_2 还原。

OAA 运入叶绿体，在 NADPH 苹果酸脱氢酶的催化下，还原为苹果酸。也可由天冬氨酸转氨酶催化转变为天冬氨酸。其反应式为：

$$\begin{array}{l} COOH \\ \mid \\ C=O \\ \mid \\ CH_2 \\ \mid \\ COOH \end{array} + NHDPH + H^+ \longrightarrow \begin{array}{l} COOH \\ \mid \\ CHOH \\ \mid \\ CH_3 \\ \mid \\ COOH \end{array} + NADP^+$$

OAA   Mal

$$\begin{array}{l} COOH \\ \mid \\ C=O \\ \mid \\ CH_2 \\ \mid \\ COOH \end{array} + \begin{array}{l} COOH \\ \mid \\ CH_2 \\ \mid \\ CH_2 \\ \mid \\ CHNH_2 \\ \mid \\ COOH \end{array} \longrightarrow \begin{array}{l} COOH \\ \mid \\ CHNH_2 \\ \mid \\ CH_2 \\ \mid \\ COOH \end{array} + \begin{array}{l} COOH \\ \mid \\ CH_2 \\ \mid \\ CH_2 \\ \mid \\ C=O \\ \mid \\ COOH \end{array}$$

OAA   Glu   ASP   α-Ket

（3）CO_2 转移与脱羧反应。

C_4 植物叶肉细胞与维管束鞘细胞（bundle sheath cell，BSC）之间有大量胞间连丝，生成的这些苹果酸或天冬氨酸通过胞间连丝运到维管束鞘细胞中。

四碳二羧酸在 BSC 中脱羧，释放 CO_2 进入叶绿体中参加卡尔文循环，经过再次固定，还原而形成磷酸丙糖。

根据运入维管束鞘的 C_4 二羧酸的种类、参与脱羧反应的酶类及脱羧发生的部位，C_4 途径又分 3 种亚类型：依赖 NADP 的苹果酸酶的苹果酸型（NADP-ME 型）；依赖 NAD 的苹果酸酶的天冬氨酸型（NAD-ME 型）；具有 PEP 羧激酶的天冬氨酸型（PEP-CK 型）。

一是 NADP-苹果酸酶型。维管束鞘细胞的叶绿体中，由 NADP-苹果酸酶催化，苹果酸脱酸，生成丙酮酸。丙酮酸运回到叶肉细胞的叶绿体中，再生 PEP，反应如图 5-8 所示。

$$Mal+NADP^+ \longrightarrow Pry+NADPH+CO_2$$

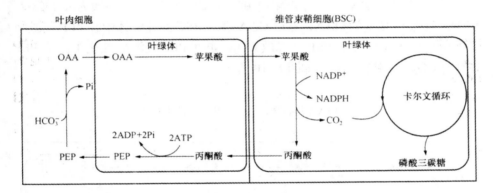

图 5-8　NADP-苹果酸酶型示意图

二是 NAD-苹果酸酶型。由叶肉细胞进入 BSC 中的 C_4 二羧酸为天冬氨酸，在 BSC 的线粒体中，天冬氨酸先由转氨酶催化为 OAA，再在 NAD-苹果酸脱氢酶作用下还原成苹果酸。由 NAD 苹果酸酶催化苹果酸氧化脱羧形成丙酮酸并释放 CO_2。丙酮酸转化为丙氨酸后运回叶肉细胞，再形成 PEP，反应如图 5-9 所示。

$$Mal+NAD^+ \longrightarrow Pry+NADPH+CO_2$$

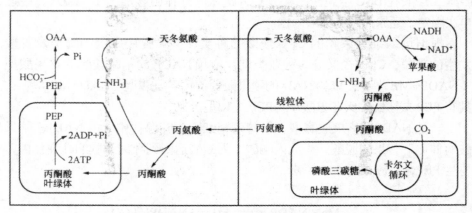

图 5-9　NAD- 苹果酸酶型示意图

三是 PEP- 羧激酶类型。由叶肉细胞进入 BSC 中的 C_4 二羧酸为天冬氨酸，在 BSC 胞质中转变为 OAA，然后 OAA 进入 BSC 的叶绿体中经 PEP 羧激酶的催化，氧化脱羧形成 PEP 并释放 CO_2，再在 PEP 羧激酶催化下生成 PEP 并释放 CO_2，而被再固定，如图 5-10 所示。

$$OAA+ATP \longrightarrow PEP+ADP+CO_2$$

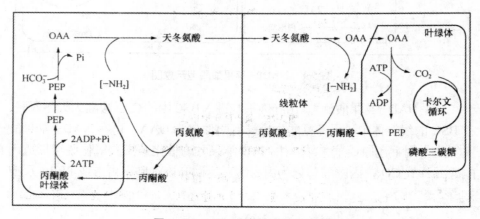

图 5-10　PEP- 羧激酶类型示意图

3. 景天酸代谢途径

景天酸代谢途径是 C_3 和 C_4 两条途径的综合，仅见于个别科属的植物中，例如景天科、仙人掌科、凤梨科。这是原产热带地区植物对干旱炎热环境的一种特殊反应。它们在白天强烈日照下气孔关闭，使组织内保持较多水分，傍晚气孔逐渐开放，水分不致过度散失；白天利用夜间固定的 CO_2 合成淀粉，夜间淀粉分解又生成 CO_2 受体 PEP，再固定 CO_2。由于这一 CO_2 同化代谢方式最早在景天科植物中发现，所以称为景天酸代谢（图 5-11）。约有 5% 的植物具有 CAM 途径具有这种代谢途径的植物称为 CAM 植物。

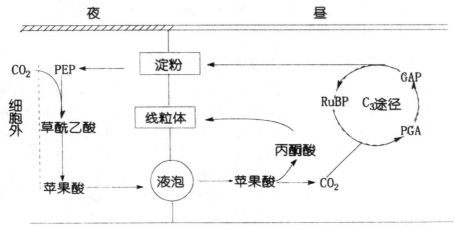

图 5-11　景天酸代谢途径示意图

景天酸代谢途径的主要代谢情况如下：夜间气孔开放，吸收大量 CO_2；在细胞质内 CO_2 与 PEP 在 PEP 羧化酶作用下形成草酰乙酸，并还原为苹果酸，大量贮藏在液泡中；黎明日出后，苹果酸从液泡运到细胞质内，在 NADP 苹果酸酶作用下，氧化脱羧生成丙酮酸与 CO_2；所放出的 CO_2 经 RuBP 羧化酶催化形成 3- 磷甘油酸进入 C_3 途径，进一步合成淀粉贮藏于叶绿体中；丙酮酸通过糖代谢生成 PEP；夜间淀粉降解，降解产物又形成 PEP，再作为 CO_2 受体，生成的苹果酸则转移到线粒体，进一步氧化放出 CO_2；CO_2 又可转移出来进入 C_3 途径。

CAM 途径与 C_4 途径的比较：二者都有两次的 CO_2 固定过程，受体分别是 PEP 与 RuBP，但 CAM 途径的 CO_2 固定与 CO_2 同化分别在夜间和白天进行，整个代谢系统在同一细胞内进行；而 C_4 途径则是 CO_2 固定在叶肉细胞进行，CO_2 同化在维管束鞘细胞进行，两者在空间上分隔。

三、光合作用的生理意义

光合作用为地球上的生命活动提供所需的能量、有机物和氧气，是整个生物界以及人类生存发展不可缺少的一部分。

（一）光合作用是一个巨型能量转换过程

植物在光合作用过程中，将无机碳化物同化的时候，也会将太阳的光能转变成储存在有机化合物中的化学能。以年为单位分析光合作用的转化，可以发现一年转化出的太阳能大约在 $3 \times 10^2 J$，能量总数是人类活动需要的能量总数的 10 倍。转换出的化学能，除了可以被植物利用之外，还可以被人类所利用。这些化学能也是人类活动的重要能量来源。所以，可以把光合作用理解成进行能量转化的中转站。

（二）光合作用是把无机物变成有机物的重要途径

地球上几乎所有的有机物都直接或间接地来源于光合作用，植物通过光合作用制造有机物的规模非常庞大，据估计，地球上每年光合作用约固定 $2 \times 10^{11}t$ 碳素，合成 $5 \times 10^{11}t$ 有机物质。植物的光合作用不仅为自身的生长发育和生命活动提供了有机营养物质，也为自然界所有的异养生物提供了食物，今天人类及动物界的全部食物和某些工业原料（如粮、棉、油、菜、果、茶、药、橡胶、木材等）都直接或间接来自光合作用。光合作用制造了生物所需的几乎所有的有机物，是规模巨大的将无机物合成有机物的"化工厂"。

（三）光合作用维持大气中 O_2 和 CO_2 浓度的相对平衡

地球上氧气和二氧化碳能基本保持一个相对稳定值，就是由于绿色植物的光合作用不断地固定吸收二氧化碳，同时释放氧气。因为光合作用是目前唯一知道的通过分解水产生氧气的生物过程，是最初氧气的生产者和当前大气中氧气含量相对稳定的维持者。

大气能经常保持 21% 的氧含量，主要依赖于光合作用（光合作用过程中放氧量约 $5.35 \times 10^{11}t/a$）。光合作用一方面为有氧呼吸提供了条件，另一方面，O_2 的积累，逐渐形成了大气表层的臭氧（O_3）层。臭氧（O_3）层能吸收太阳光中对生物体有害的强烈紫外辐射。植物的光合作用虽然能清除大气中大量的 CO_2，但目前大气中 CO_2 的浓度仍然在增加，这主要是由于城市化及工业化所致。世界范围内的大气 CO_2 及其他的温室气体，如甲烷等浓度的上升加速将引起所谓的温室效应。温室效应将会对地球的生态环境造成很大的影响，是目前人类十分关注的问题。

另外，光合作用的碳循环过程，也带动了自然界其他元素的循环。在光合作用形成有机碳化物的同时，也把土壤中吸收的氧化态氮、磷、硫等元素转变成植物体能利用的还原态元素，进一步参与有机物合成过程。据估计，每年进入碳循环的氮达 60 亿吨，磷、硫达 8.5 亿吨。

光合作用成为一个自动的空气净化系统，对环境保护起着重要的作用。

第二节　叶绿体及其色素

一、叶绿体

植物的叶片是进行光合作用的主要器官，而叶片中的叶绿体则是光合作用的主要细胞器。叶片的结构十分精妙，最外层是表皮。在表皮上分布着许多小孔，称为气孔。气孔可以开关，控制着叶片内、外的气体交换。在叶片内部是叶肉组织，由许多叶肉细胞组成。在叶肉细胞中含有许多绿色的小颗粒，它们就是叶绿体。

在电子显微镜下可以观察到叶绿体是由双层单位膜围成的细胞器，由叶绿体被膜（chloroplast membrane）、类囊体（thylakoid）和基质（stroma）三部分构成。

（一）叶绿体被膜

叶绿体被膜是叶绿体的外围双层膜结构，双层膜中的外层膜称为外被膜（outer envelope），内层膜称为内被膜（inner envelope）。外膜为非选择性膜，允许相对分子质量小的代谢物如蔗糖、核酸、无机盐等通过。叶绿体的外被膜和内被膜由单位膜组成，每层膜厚 6 ~ 8nm，内外两层膜之间为 10 ~ 20nm 宽的电子密度低的空隙，称为膜间隙，内膜为选择透性膜，CO_2、O_2、H_2O 可自由通过；Pi、磷酸丙糖、双羧酸、甘氨酸等需经膜上的转运体（translocator）才能通过；蔗糖、C_5~C_7 糖的二磷酸酯、$NADP^+$、PPi 等物质则不能通过。

叶绿体被膜是叶绿体的保护屏障，包含了多种代谢产物的传递系统，具有控制代谢物质进出叶绿体的功能。

（二）类囊体

类囊体指的是叶绿体内悬浮的许多你隔壁的囊袋状的生物膜。类囊体膜的叶绿素吸收光能，合成 ATP 和 NADP H 传递电子。光合作用的光反应就在类囊体膜上进行，所以类囊体膜也称为光合膜（photosynthetic membrane）。类囊体在许多地方会像硬币一样摞在一起，称为基粒（grana）。

一个叶绿体通常含有 40 ~ 80 个基粒，组成基粒的类囊体称为基粒类囊体（granum thylakoid）。一个基粒由 5 ~ 30 个基粒类囊体组成，最多的可达上百个。组成基粒的类囊体数目依不同植物或同一植物不同部位的细胞而有很大变化。连接在以上基粒之间没有发生垛叠的类囊体，称为基质类囊体（stroma thylakoid）。叶绿体中的基粒是可以进行光合作用的植物细胞中的一种特殊结构，它是由多个类囊体垛叠在一起形成的。在膜垛叠的情况下，植物光和细胞能够捕获更多的光能，光能的收集效率明显提升。除此之外，膜系统大多数情况下是由很多的酶排列组成的，在这样的情况下，如果垛叠在一起，那么就宛如构建出了一个长的传送链条，保证了代谢的稳定顺利。

（三）基质

基质是叶绿体膜以内的基础物质，其主要成分是可溶性蛋白质和其他谢活跃物质，呈高度流动性状态，含有固定 CO_2 与合成淀粉的全部酶系。此外，基质中还含有 DNA、核糖体、淀粉粒和质体小球（plastoglobulus）。淀粉与质体小球分别是淀粉和脂类的储藏库。将照光的叶片研磨成匀浆离心，沉淀在离心管底部的白色颗粒就是叶绿体中的淀粉粒。质体小球又称为脂质球或亲锇颗粒（osmiophilic droplet），特别易被锇酸染成黑色，在叶片衰老时叶绿体中的膜系统会解体，此时叶绿体中的质体小球也随之增多增大。

通常一个细胞中含有 10 ~ 100 个的叶绿体，其长 3 ~ 6μm，厚 2 ~ 3μm。据统计，每平方毫米的蓖麻叶就含有 3×10^7 ~ 5×10^7 个叶绿体，因此叶绿体的总表面积比叶面积大得多，这有利于叶绿体吸收光能和 CO_2 的同化。叶绿体的大小和数目随物种、细胞种类、生理状况和环境而不同。在同一叶片中栅栏细胞中的叶绿体要比海绵组织中多；背阴地区生长的植物的叶绿体比在向阳地区生长的叶绿体要大一些、多一些。叶绿体分布在叶肉细胞中的时候，通常位于细胞壁的位置，而且会位于和空气有更多接触机会的细胞壁一侧。叶绿体之所以位于这样的位置，是为了更好地和外界交换气体，也是为了更好地在光合作用的过程中进行细胞之间的物质传输。叶绿体可以感受光照的方向及光照强度，然后随之运动。如果光比较弱，那么叶绿体会将扁平一侧面向光照亮的一侧，以此来吸收更多的光能。如果光比较强，那么叶绿体会将扁平一侧朝向光照射的方向，避免强光对细胞结构、细胞功能产生不良影响。

二、光合色素

光合作用中出现的高等植物叶绿体光合色素主要是叶绿素、藻胆素及类胡萝卜素。藻胆素只出现在藻类中，类胡萝卜素和叶绿素主要出现在高等植物中。

（一）叶绿素

叶绿素可以划分为叶绿素 a 和叶绿素 b。无论是哪一种都不能溶于水，但是，可以溶于有机溶剂。从颜色角度对两种叶绿素进行划分，蓝绿色的是叶绿素 a，黄绿色的是叶绿素 b。从化学角度进行分析，叶绿素可以参与皂化反应，它本质上是叶绿酸的酯。

叶绿素分子有一个"头部"（卟啉环）和"尾巴"（叶绿醇）（图 5-12）。卟啉环中，镁原子在中间位置，带的是正电荷，连接在镁原子四周的氮原子带的是负电荷，所以认为卟啉环有极性，显现的是亲水属性，能结合蛋白质。叶绿醇由四个异戊二烯单位组成，叶绿醇因为有亲脂脂肪链，所以，叶绿素才具备脂溶性。氢的传递及氧化还原中，没有叶绿素的身影，叶绿素是通过电子传递方式和共轭传递方式完成能量传递的。其中电子传递指的是电子得失导致的氧化还原；共轭传递指的是能量的直接传递。

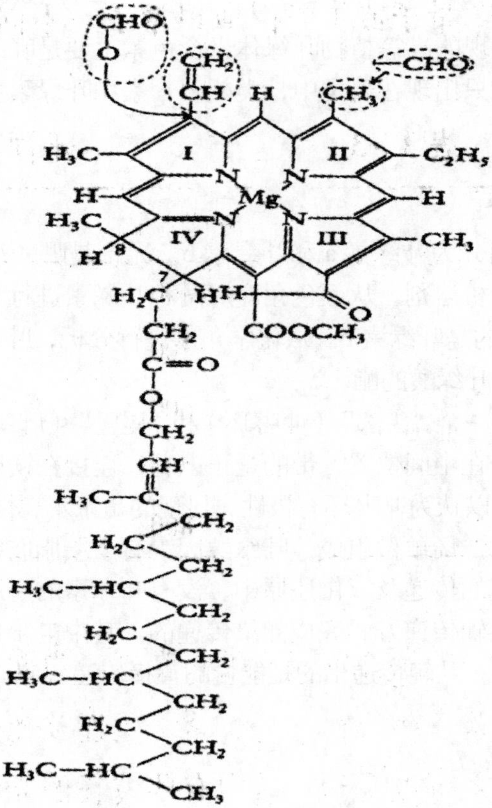

图 5-12　叶绿素分子结构

Cu^{2+}、H^+、Zn^{2+} 能够置换替代卟啉环中的镁原子。经过酸处理的叶片，叶绿体更容易吸收 H^+，镁原子更容易被置换，叶片更容易获得镁叶绿素，这样，叶片就会变成褐色。去镁叶绿素结合铜离子时会更加容易，铜代叶绿素也会随之形成，颜色更稳定。绿色植物标本的保存使用的就是这一原理。

叶绿素在植物体内与其他物质一样，不断地合成，同时也在不断地分解，代谢速度很快。叶绿素的生物合成过程十分复杂，其中某些步骤迄今尚未明确。现知谷氨酸是合成叶绿素的起始物质，经转化成 δ 氨基酮戊酸（ALA），2 分子 ALA 合成含吡咯环的胆色素原，4 分子胆色素原经多步反应，聚合成为原卟啉 IX。原卟啉 IX 与镁结合形成镁原卟啉，再经甲基化、环化和乙烯还原反应，转变为单乙烯基原叶绿素酸酯，再经光照还原，转化为叶绿素酸酯 a，然后与叶绿醇结合即成叶绿素 a。叶绿素 a 氧化即形成叶绿素 b，如图 5-13 所示。

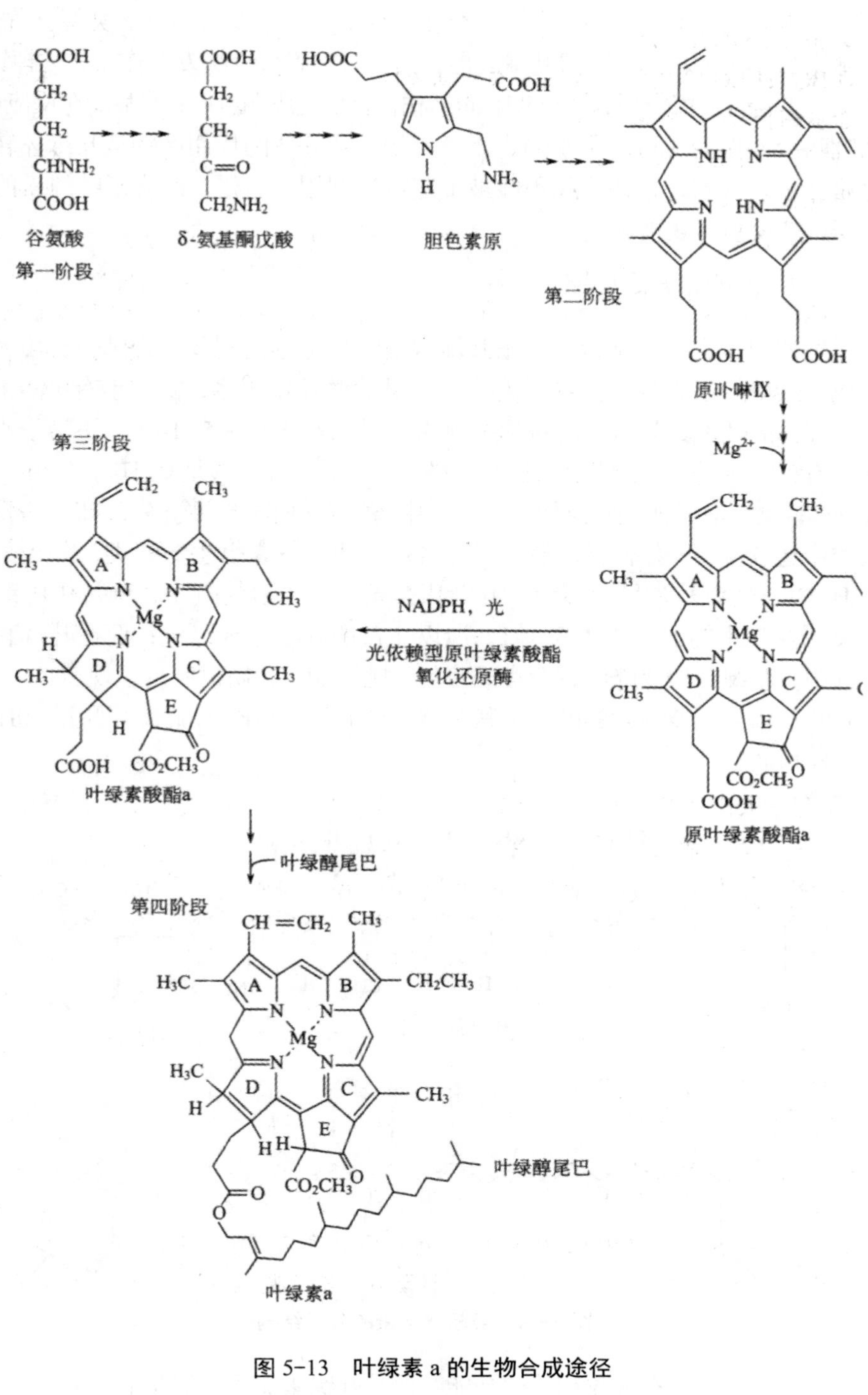

图 5-13　叶绿素 a 的生物合成途径

叶绿素的降解过程中，发生了很多酶促反应，涉及很多反应类型。首先，叶绿素酶会发挥作用，去掉叶绿醇尾；其次，镁脱螯合酶发挥作用，去掉镁；再次，加氧酶发挥作用，打开卟啉的结构，让其变成四吡咯；最后，在反应中，四吡咯会慢慢变成可溶于水的、无色产物。叶绿体的代谢产物从叶绿体转移之后会进入液泡，代谢产物不能被细胞重复利用，但是，结合了叶绿素的色素蛋白能反复多次被利用。

（二）类胡萝卜素

类胡萝卜素分子都含有一条共轭双键的长链。类胡萝卜素是一类由 8 个异戊二烯单位组成的含有 40 个碳原子的化合物不溶于水，能溶于有机溶剂。

在它的两端各具有一个对称排列的紫罗兰酮环（图 5-14），不溶于水而溶于有机溶剂。胡萝卜素是不饱和的碳氢化合物，分子式是 $C_{40}H_{56}$，有 α-、β- 及 γ- 胡萝卜素 3 种同分异构体，叶子中常见的是 β- 胡萝卜素。在一些真核藻类中还含有 ε- 类胡萝卜素。叶黄素是由胡萝卜素衍生的醇类，分子式是 $C_{40}H_{56}O_2$。胡萝卜素呈橙黄色，叶黄素呈黄色；一般情况下，叶片中叶绿素与类胡萝卜素的比值约为 3 : 1，所以正常的叶子呈现绿色；而在叶片衰老过程中，叶绿素较易降解，而类胡萝卜素比较稳定，所以叶片呈现黄色。

叶黄素与胡萝卜素的区别是紫罗兰酮环的第 4 位碳上加氧（即由—OH 代替—H）而成的：

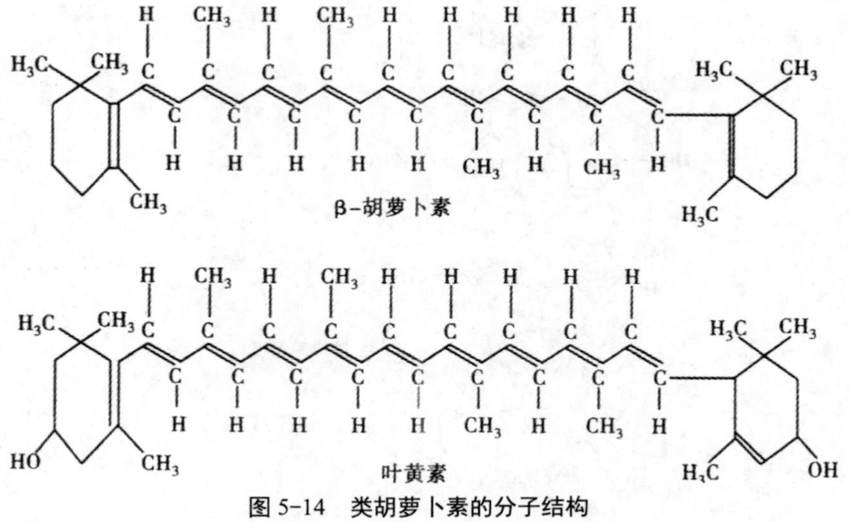

图 5-14　类胡萝卜素的分子结构

类胡萝卜素具有吸收和传递光能及保护叶绿素免受光氧化的功能。

　　类胡萝卜素是一类四萜化合物，其合成途径有两条，即甲羟戊酸（MVA，又称甲瓦龙酸）途径和甲基赤藓醇磷酸（MEP）途径。类胡萝卜素生物合成的前体物质异戊烯焦磷酸（IPP）主要来自于 MEP 途径，IPP 在 IPP 异构酶作用下生成二甲基丙烯基焦磷酸（DMAPP）。MEP 途径主要在植物特有的细胞器质体中进行，以 IPP 为中间产物，除了类胡萝卜素，赤霉素、脱落酸、生育酚、质体醌、单萜等的合成也是通过该途径。植物类胡萝卜素的生物合成过程如图 5-15 所示。

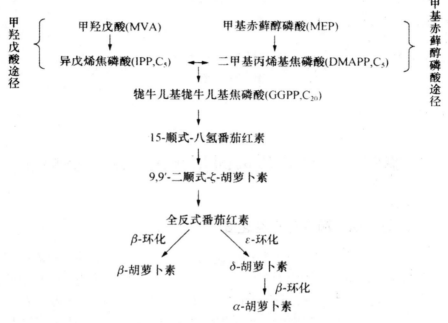

图 5-15　植物类胡萝卜素的生物合成过程

（三）藻胆素

　　藻胆素是藻类植物主要的光合色素，有藻红素、藻蓝素、别藻蓝素等，常与蛋白质结合为藻胆蛋白。藻胆素的 4 个吡咯环形成直链共轭体系，不含镁和叶绿醇链，具有收集和传递光能的作用，如图 5-16 所示。

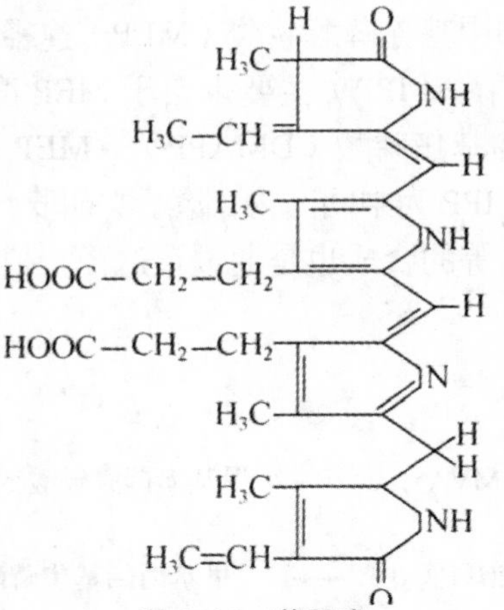

图 5-16　藻胆素

第三节　植物体内同化物的运输及分配

一、同化物运输的方向与速度

同化物运输的方向取决于制造同化物的器官（源，source）与需要同化物的器官（库，sink）的相对位置。总的来说，同化物运输的方向是由源到库，但是，库处于不同的位置，所以，同化物运输方向不同。有机物被韧皮部吸收之后，有机物能向上运动到达正在生长的顶端位置、幼叶位置或果实位置，也能向下运动，到达根部位置、地下贮藏器官位置。而且，运输并不是次序进行的，可以同时多方向运输。在天竺葵茎的两端几个不同的叶片上施用 $^{14}CO_2$ 及 $KH_2{}^{32}PO_4$，然后对中间茎部的树皮进行分割处理，让其和木质分开，并且使用蜡纸隔开。在进行 12 小时到 19 小时的光合作用之后，分别对叶片各段的 ^{14}C、^{32}P 的放射性进行测试。测试结果表明所有韧皮部都包含一定数量的 ^{14}C、^{32}P。运输过程中，如果纵向运输受到抑制、遇到阻碍，那么横向运输会随之加强。

利用同位素示踪技术，测得有机物的运输速率一般约为 $100cm \cdot h^{-1}$。不同植物运输速率各异，如大豆为 $84 \sim 100cm \cdot h^{-1}$，南瓜为 $40 \sim 60cm \cdot h^{-1}$。生育期不同，运输速率也不同，如南瓜幼苗时为 $72cm \cdot h^{-1}$，较老时为

30 ~ 50cm·h^{-1}。运输速率还受环境条件的影响，如白天温度高，运输速率高，夜间温度低，运输速率低。成分不同，运输速率也有差异，如丙氨酸、丝氨酸、天冬氨酸的运输速率较高；而甘氨酸、谷酰胺、天冬酰胺的运输速率较低。

除有机物的运输速率外，人们还提出了比集运量的概念。有机物质在单位时间内通过单位韧皮部横截面积运输的数量，即比集运量（specific mass transfer，SMT）或比集运量转运率（specific mass transfer rate，SMTR），单位为 g/（cm^2·h）。

$$SMTR=\frac{单位时间内转移的物质量（g·h^{-1}）}{韧皮部的横截面积（cm^2）}=V·C\begin{cases} V：流速\ cm·h^{-1} \\ C：浓度\ g·cm^{-3} \end{cases}$$

这里以马铃薯为例进行说明。某块茎在 100d 内增重为 210g，有机物占 24%，地下茎蔓韧皮部的横截面积为 0.0042cm^2，其运输速率为

$$SMTR=\frac{210×24\%}{24×100×0.0042}=4.9g·cm^{-2}·h^{-1}$$

大多数植物的 SMTR 为 1~13g·cm^{-2}·h^{-1} g/（cm^2·h），有的甚至高达 200g·cm^{-2}·h^{-1}。

二、同化物分配与再分配

（一）同化物分配的特点

1. 同化物分配优先供应生长中心

生长中心指的是生长速率快、代谢活动频繁的器官或生长部位。在作物成长的各个时期，可能会出现不同的生长中心。生长中心既要统筹负责矿质元素的输入，也要统筹分配光合产物。

2. 就近供应，同侧运输

叶片光合作用形成的产物会就近分配给附近的生长中心，而且，通常情况下会侧重于同侧分配。比如，大豆开花结果之后，叶片获得的同化产物会尽可能地分配给本节叶片的果实。一般情况下，不会将同化产物运送到其他的叶片中。如果本节果实不需要过多的养料，那么剩余的养料才可能向其他的叶片转移。果树生长也是一样的，果实主要来源于附近叶片提供的同化物。

一般情况下，叶片会将同化物供应给自己一侧的果实，很少会将同化物转移到对面一侧。之所以会呈现这样的运输规律，可能是因为受到维管束的走向影响。这一规律在其他的作物实验中也得到了证实。

3. 功能叶之间无同化物供应关系

从叶龄的角度来看，幼叶光合机构成熟得较早，但是，并没有产生过多的光合作用产物，不仅不能向外输送光合作用产物，还需要输入一定数量的光合作用产物，以此来保证自身的正常生长。但是，当叶片长成的时候，叶片就会释放光合作用产物，就会向外输送光合作用产物，而不需要输入光合作用产物。也就是说，一旦叶片变成了"源"，那么叶片和叶片之间就不需要进行同化物的交换。即使是对叶片进行遮黑处理，叶片也不会从其他叶片那里吸收同化物。

（二）同化物和营养元素的再分配

在植物体中，除了细胞壁的组成物质之外，其他的物质都可以被重新利用。也就是说，植物体中的有机物和无机物可以重新应用在其他的组织或其他的器官中。如果叶片逐渐衰老，那么叶片中的糖、氮、磷、钾可能就会转移到其他的新生器官中，植物体营养器官中的相关物质也会转移到生殖器官。举例来说，小麦的叶子在衰老的过程中将会有 85% 的氮及 90% 的磷向其他的部位转移。分析生长中心使用的物质可以发现，有两个来源：一个是根部吸收的矿物质、营养叶片光合作用制造的产物；另一个是大分子分解之后生成的一些小分子物质或一些无机离子。

作物成熟过程中，同化物的分配有助于植物后代有更强的繁殖能力和适应能力，同时，也有助于作物增产。在同化物转移分配的过程中，植物的新生器官可以最大程度地获取同化物质。

生产过程中可以充分利用同化物再分配。举例来说，北方种植玉米的过程中，农民为了尽可能地减少早霜对玉米生长带来的危害，会在秋季霜冻真正来临之前将玉米连根带穗收割，然后树立起来堆成垛。这样根茎中存留的有机物依然可以为玉米籽粒的生长提供营养支持。通过这样的处理，玉米作物生产的产量可以提高 5% 到 10%。再举例来说，有些植物没有授粉之前开放的花朵较为鲜艳，但是，在授粉之后，花瓣会迅速凋零，花瓣中的同化物会为合子提供营养支持。在巨大的营养供给下，植物子房会迅速变大，这时生长出来的植物籽粒就会颗粒饱满。可以说，在同化物在分配机制的作用下，植物果实品质更优，果实产量更高，果实更饱满，更有营养。

三、同化物的分配与产量形成的关系

（一）决定同化物分配的因素

第一，供应能力。当"源"创造出来的同化物比较多时，植物叶子就能向外输送更多的同化物。判断植物叶子输送同化物能力的强弱的指标是植物的光合速率。

第二，竞争能力。植物中生长速度比较快、代谢活动比较频繁的部位可以竞争到更多的养分。

第三，运输能力。源库之间的运输通道如果比较短，并且二者之间有直接联系，那么库在相同的条件下就能获得更多的同化物。

（二）同化物分配与产量的关系

作物经济产量的组成物质一共有三个：首先，功能叶片中输入的光合作用产物；其次，经济器官自身可以合成某些产物；最后，从其他器官中吸收利用的其他器官储存的物质。这三种来源中最重要的是功能叶片通过光合作用制造出来的产物。

按照源库关系，可以将产量的影响因素分成以下三种类型：首先，源限制型，这种情况下营养物质少，但是，需要营养物质的果实多，所以，整体来看果实容易空壳，结果率相对较低；其次，库限制型，特点是营养物质多，需要营养物质的地方少，所以，果实相对饱满，但是，整体来看果实产量低；最后，源库互作型，特点是营养物质和需要营养物质的地方相互匹配，这种情况下，如果可以使用适当的栽培措施，那么果实产量就可以达到理想的效果。

第四节　光合作用在作物生产中的应用

光合作用是影响作物产量的重要因素，作物中的干物质九成以上都是在光合作用的情况下形成的，从根部吸收获取的矿物质只占 5% 到 10%。所以，农业生产光合作用方面的研究着重关注的是如何最大程度地使用太阳能来获取更多的光合产物。

一、作物光能利用率

植物光合作用所积累的有机物所含的能量，占照射在单位地面上的日光能量的比率被称为光能利用率。叶片吸收光能后，光能转变为化学能的比率，因光波波长不同而变化。还原一分子 CO_2 需 8~12 个光量子，贮藏于糖类中的化学能量是 478 kJ，而植物只利用波长 400~700nm 的光波。其能量约占总太阳辐射能的 40%~50%，而反射占 5%，透射占 2.5%，吸收占 42.5%（其中吸收当中蒸腾损失约 40%，辐射损失约 2.5%，光合利用约 0.5%~1%），实际上，作物光能利用率很低，即便高产田也只有 1% 左右，而一般低产田的年光能利用率只有 0.5% 左右。

目前生产上作物利用率低的主要原因有漏光损失、光饱和浪费、环境条件不适及栽培管理不当。

（一）漏光损失

作物生长初期，植物植株小叶子面积有限，这时，照射在地面的阳光基本被浪费。研究表明，初期作物的漏光损失可以达到一半以上。假设前茬作物收割完成之后没有及时播种，那么下一波农作物将会面临更大的漏光损失。

（二）光饱和浪费

夏季太阳有效辐射可达 1800 ~2000μmol · m^{-2} · s^{-1}，但大多数植物的光饱和点为 540 ~900μmol · m^{-2} · s^{-1}，约有 50% ~ 70% 的太阳能被浪费掉。

（三）环境条件不适及栽培管理不当

作物生长过程中光能利用率并不是一直保持稳定的。当外界环境条件出现变化时，光能利用率可能有所下降，如干旱、病虫害、低温、高温等情况都会导致利用率下降。[①]

二、提高植物的光能利用率及产量

由于植物的经济产量决定于光合面积、光合时间、光合速率、呼吸消耗和光合产物分配五个方面，因此，在农林生产中主要通过延长光合时间、增加光合面积和提高光合速率等途径来提高植物的光能利用率及产量。

---

① 贺立静，周述波. 植物生理与农业生产应用 [M]. 长沙：湖南师范大学出版社，2012.

（一）延长光合时间

延长光合时间的措施有提高复种指数（multiple crop index）、延长生育期或补充光照等。

复种指数指全年内农作物的收获面积与耕地面积之比。提高复种指数就是增加收获面积，可以通过间、套作等手段充分利用光能和地力。

（二）增加光合作用面积

光合作用面积是对产量影响最大、同时又是可控制的一个因子。生产上常用叶面积系数（leaf area index，LAI），即作物叶面积与土地面积的比值来衡量密植是否合理，作物群体发育是否正常。在一定范围内，作物 LAI 越大，光合产物积累越多，产量越高。但 LAI 也不是越大越好，不少研究认为，在目前生产水平下，水稻的最大 LAI 为 7 左右，小麦为 6 左右，玉米为 6 ~ 7，可能获得较高产量（图 5-17）。

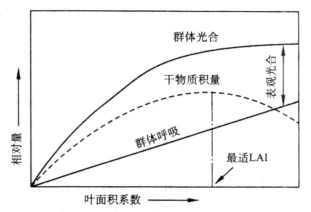

图 5-17　LAI 与群体光合作用和呼吸作用的关系

光合作用面积增加可以使用一些有效措施，如合理密植。在作物种植间隙过大的情况下，个体可以更好地发展，但是，群体得不到有效发展；如果种植间隙过小，那么个体得不到有效发展，所以，应该合理设置作物种植的间隙。除此之外，还可以改善株型。改善株型的作用在于调整顺序结构，保证植物充分利用光能，迎风不倒，这样光合面积就会有效提高。

（三）提高光合速率

光合作用效率指的是光合作用中有机物能量和植物吸收光能之间的比值。C3 植物光呼吸特征明显，C4 植物相比之下，光呼吸特征不明显。光合作用效率想要有效提升，必须减少植物的光呼吸。减少光呼吸可以使用的措施主要有两种：首先，使用光呼吸抑制剂；其次，提高二氧化碳的浓度。空气当的二氧化碳浓度相对较低，和光合作用需要的浓度有一定的差距，所以，想要提升光合速率，需要让空气中有更多的二氧化碳。二氧化碳浓度提升可以使用的有效方式是施更多的有机肥料或积极推进秸秆还田。

第六章 植物的呼吸作用与生产实践应用

植物的生命活动建立在能量的基础上，通过呼吸作用，植物可以分解体内复杂的有机物，使之转化为无机物，同时释放贮藏在有机物中的能量，以保障植物生命活动必需的能量补给。作为所有生物细胞的共同特征，呼吸作用是代谢植物体内组织和能量的中枢，所以，对呼吸作用的客观规律进行全面掌握，不仅是对植物生长发育进行科学调控的重要前提，更是对农业生产、园林管理进行科学指导的重要保障。

第一节 呼吸作用的类型及生理意义

一、呼吸作用的类型

呼吸作用指的是基于一系列酶的参与，活细胞内的有机物向简单物质的氧化分解，以及能量释放的过程。以氧气是否参与呼吸过程为依据，呼吸作用可被细分为有氧呼吸和无氧呼吸两种。

（一）有氧呼吸

有氧呼吸（aerobic respiration）是指生活细胞利用分子氧（O_2），将淀粉、葡萄糖等有机物彻底氧化分解为 CO_2，并生成 H_2O，同时释放能量的过程。在光合作用中，植物把光能转化为化学能并存储在还原态的碳水化合物中，这可以认为是所有生物的生命活动的能量来源。但是光合作用所生产的碳水化合物通常并不能直接提供生物的生理活动所需的能量，而必须通过呼吸作用将其逐步氧化，释放出自由能并以 ATP 的形式供应生物体各种代谢的需要。

呼吸作用最常用的方程式是葡萄糖的氧化：

$$C_6H_{12}O_6+6O_2+6H_2O \longrightarrow 6CO_2+12H_2O+ 能量 \ \Delta G_0'=-2870kJ \cdot mol^{-1}$$

呼吸作用中被氧化的有机物称为呼吸底物或呼吸基质（respiratory substrate），如碳水化合物、有机酸、蛋白质、脂肪等。呼吸代谢主要包括底物的降解和能量产生两大阶段（图 6-1）。呼吸底物的氧化过程是通过一系列酶促反应，逐步地和有控制地进行的。有一些基本的呼吸代谢途径是大多数生物所具有的，如糖酵解、三羧酸循环和氧化磷酸化等途径。虽然植物的呼吸从根本上来说，是与其他生物类似的，但也有其特殊的地方，我们将在以下的章节中分别加以介绍。

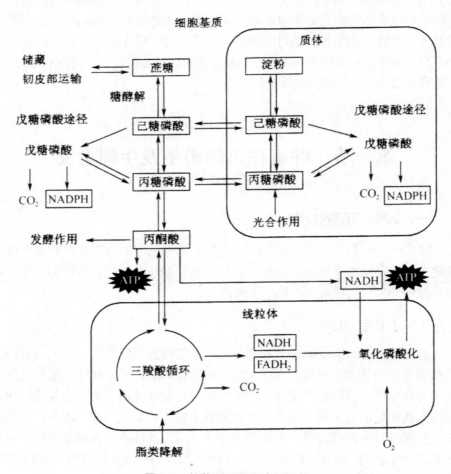

图 6-1　植物呼吸代谢途径概貌

（二）无氧呼吸

无氧呼吸（anaerobic respiration）是指生活细胞在无氧条件下，将某些有机物分解成为不彻底的氧化产物（酒精、乳酸等），同时释放能量的过程二微生物的无氧呼吸统称为发酵。例如，酵母菌的无氧呼吸，将葡萄糖分解产生酒精，此过程称为酒精发酵，其反应式如下：

$$C_6H_{12}O_6 \longrightarrow 2C_2H_5OH + 2CO_2 + 能量 \quad \Delta G_0' = -226kJ \cdot mol^{-1}$$

酸菌在无氧条件下产生乳酸，此过程称为乳酸发酵，其反应式如下：

$$C_6H_{12}O_6 \longrightarrow 2CH_3CHOHCOOH + 能量 \quad \Delta G_0' = -197kJ \cdot mol^{-1}$$

无氧呼吸底物氧化降解不彻底，乙醇、乳酸等发酵产物中还含有较丰富的能量，释放能量比有氧呼吸少得多。从发展的观点来看，有氧呼吸是由无氧呼吸进化而来的。现今高等植物在缺氧情况下（如水涝）仍保留无氧呼吸能力，是植物适应生态多样性的表现。

二、呼吸作用的生理意义

呼吸作用和生命紧密联系在一起。一般将呼吸作用的强弱作为衡量生命代谢活动强弱的重要指标。细胞死亡——呼吸停止。呼吸作用在植物生活中的生理意义主要归纳为以下四个方面。

（一）呼吸作用能提供生命活动所需能量

生物体生命活动所需要的能量，最终来源于光合作用合成的有机物中所贮存的太阳能。有机物中贮存的能量要转变为被生命所利用的形式必须经过呼吸作用来实现。在呼吸作用的过程中，有机物被分解，释放出的能量一部分转变为热能散失，另一部分转化为高能化合物分子中活跃的化学能（图6-2）。活跃的化学能是生命可利用的能量形式，其中ATP（三磷酸腺苷）是最重要的高能化合物，也是最重要的能量载体。当ATP在酶的作用下分解时，便释放出能量，用于植物体的各项生命活动，如细胞分裂、有机物合成和运输、矿质元素的吸收等。

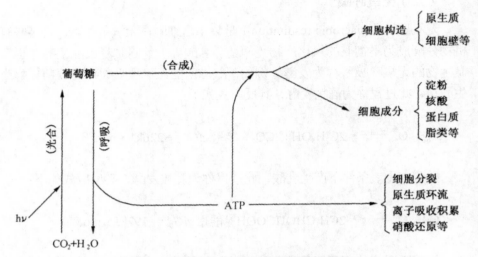

图 6-2　植物对呼吸作用产生的能量的利用

（二）呼吸作用能提供重要有机物质合成所需原料

呼吸作用过程中产生许多中间产物，如丙酮酸、α-酮戊二酸、草酰乙酸等和 NH_3 可合成各种氨基酸各种细胞结构物质、生理活性物质及次级代谢物的原料，这些物质为植物生长发育所必需。因此，可以说呼吸作用是植物体内有机物代谢的中心。呼吸代谢与主要物质代谢的联系如图图 6-3 所示。

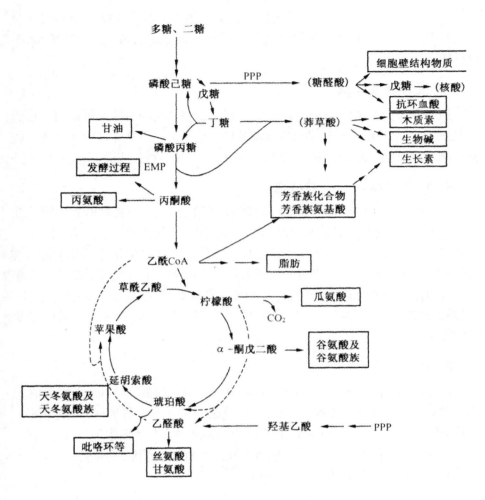

图 6-3　呼吸途径与物质转化的关系图解

1. 氨基酸合成

植物体内氨基酸的生物合成主要是依赖于 TCA 循环中有机酮酸的加氨作用。首先形成谷氨酸和天冬氨酸，再在转氨酶催化下通过转氨作用以及其他转化作用形成多种多样的氨基酸，进而合成各种蛋白质。

2. 脂肪代谢

研究证明，脂肪的合成和降解都与呼吸途径紧密相连。脂肪降解过程所形成的甘油和脂肪酸可进一步转化为糖或被彻底氧化。其中甘油经磷酸化作用形成 α- 磷酸甘油，然后脱氢形成磷酸丙糖，再逆糖酵解过程转变成蔗糖或经丙酮酸进入 TCA 循环 – 呼吸链彻底氧化生成 H_2O 和 CO_2；脂肪酸则经氧化作用形成乙酰 CoA，再进入乙醛酸循环。而脂肪合成则与 PPP（NADPH+H^+）密切相关。

3. 植物激素合成

植物激素中 IAA 合成的前体是色氨酸，乙烯合成的前体是蛋氨酸，它们都是由 TCA 循环中间产物形成的氨基酸转化而成的。PPP 通过中间代谢产物莽草酸还能形成其他生长素类物质，如反肉桂酸和对香豆酸等。

4. 细胞壁结构物质的形成

呼吸代谢的中间产物与细胞壁的结构物质的形成有着密切联系，除纤维素外，大多数细胞壁结构物质都与 PPP 的中间产物保持着密切联系，比如，半纤维素、果胶物质等就是由戊糖转化而来的，同时，在莽草酸形成的苯丙氨酸和酪氨酸的作用下，也可以实现向木质素的进一步合成等。此外，核酸的合成也需要 PPP 中间产物戊糖这一重要原料；莽草酸的合成需要赤藓糖 –4–磷酸和 EMP 中间产物磷酸烯醇式丙酮酸，在此基础上，才能完成其他重要物质的合成。

5. 萜类的合成

萜类（terpene）或类萜（terpenoid）是由异戊二烯（isoprene）组成的。萜类种类是根据异戊二烯数目而定，如：单萜中的樟脑；倍半萜中的薄荷醇；双萜中的赤霉素；三萜中的固醇；四萜中的胡萝卜素和多萜中的橡胶等。

在呼吸底物降解过程中形成的 NADH、NADPH 等可为脂肪、蛋白质生物合成、硝酸盐还原等过程提供还原力。

（三）增强植物抗病免疫能力

植物受伤或受到病菌侵染时，呼吸速率明显升高，呼吸过程中的氧化系统可以迅速氧化病原微生物分泌出来的毒素，使寄主不受危害。同时染病组织的多酚氧化酶和抗坏血酸氧化酶活性也随之提高，多酚氧化酶的氧化产物对病原菌菌丝体生长有抑制作用，且加速细胞壁的木质化或木栓化，促进伤口愈合，以减少病菌的浸染。呼吸作用加强可促进具有杀菌作用的绿原酸.咖啡酸等物质的合成，以增强植物的免疫力。[1]

---

[1] 贺立静，周述波. 植物生理与农业生产应用 [M]. 长沙：湖南师范大学出版社，2012.

第二节　植物呼吸作用的机理

植物呼吸作用的场所是线粒体和细胞质。由于在呼吸作用中与能量转换关系更密切的许多步骤（三羧酸循环和氧化磷酸化）是在线粒体中进行的，故常把线粒体看成是呼吸作用的主要场所和能量供应的中心。

所有高等植物细胞内都有线粒体。一个典型的植物细胞有 500~2000 个线粒体。代谢微弱的衰老细胞或休眠细胞的线粒体较少。线粒体一般呈线状，粒状或断线状，直径为 0.5~1.0 μm，长度变化很大，一般为 1.5~3 μm，长的可达 7μm。线粒体有 2 层膜，外膜平滑，内膜向内突起形成许多形状不同的脊，增加内膜的表面，也就是有效的增大酶分子附着的表面积。内部空间充满透明的胶体状态的基质，基质中含有很多蛋白质、脂和催化三羧酸循环的酶类。[①]

经过植物呼吸代谢所释放出的能量，一部分会以热能的形式在环境中逐步消散，另一部分则可以被贮存为高能键。经过 EMP-TCA 循环、呼吸链的作用，存在于真核细胞中的 1mol 葡萄糖会实现彻底氧化，最终转化为 36mol ATP。

高能磷酸键和硫酯键是植物体内高能键的主要类型。其中，腺苷三磷酸（adenosine triphosphate，ATP）中的高能磷酸键是植物体内高能磷酸键最重要的构成。ATP 的生成主要有两种方式：第一种方式是氧化磷酸化；第二种方式是磷酸化底物水平，这是一种居于次要地位的合成方式。氧化磷酸化过程的实现需要依托线粒体内膜上的呼吸链和 ATP 合酶复合体，氧分子的参与更是必不可少。细胞质基质和线粒体是进行底物水平磷酸化过程的主要介质，不需要氧分子参与其中，高能键的生成只需要代谢物脱氢（或脱水），并重新分布其分子内部所含的能量，而后将高能磷酸基向 ADP 转移，从而生成 ATP。

$$NADH+H^{+}+3ADP+3Pi+\frac{1}{2}O_2 \longrightarrow NAD^{+}+4H_2O+3ATP$$

---

① 卞勇，杜广华，刘艳平. 植物与植物生理（第 2 版）[M]. 北京：中国农业大学出版社，2011.

$$FADH_2+2ADP+2Pi+\frac{1}{2}O_2 \longrightarrow FAD+3H_2O+2ATP$$

硫酯键可通过底物氧化脱羧生成，并可转化成高能磷酸键生成 ATP。像 TCA 循环中，$\alpha-$ 酮戊二酸的氧化脱羧，生成的琥珀酰 CoA 中，具有高能硫酯键，然后在琥珀酰 CoA 硫激酶作用下，硫酯键断裂释放能量，由鸟苷二磷酸（GDP）接受，再通过鸟苷三磷酸（GTP）传递给 ADP 生成 ATP。

$$琥珀酸 SCoA+GDP+Pi \longrightarrow 琥珀酸 +CoASH+GTP$$

$$GTP+ADP \longrightarrow GDP+ATP$$

总的来看，在 EMP 中 1mol 葡萄糖可产生 2mol NADH。作为高等植物和真菌来说，在胞基质中形成的 NADH 很容易穿过线粒体外膜进入膜间隙，在内膜的外表面被外 NADH 脱氢酶催化直接进入呼吸链（不需要穿梭系统），其脱下的氢原子（电子）经 UQ 进入细胞色素途径，P/O 比为 2，生成 2mol ATP。这样，E MP 中生成的 2mol NADH 经氧化磷酸化后，只能生成 4mol ATP，加上底物水平磷酸化净生成的 2mol ATP，共计生成 6mol ATP。在 TCA 循环中，1mol 葡萄糖或 2mol 丙酮酸，可产生 8mol NADH，被内 NADH 脱氢酶催化脱氢氧化，经氧化磷酸化可产生 24mol ATP。另外 2mol FADH$_2$ 被琥珀酸脱氢酶催化脱氢氧化，经氧化磷酸化后产生 4mol ATP。加上底物水平磷酸化生成的 2mol ATP，TCA 循环共计产生 30mol ATP。因此，真核细胞中 1mol 葡萄糖经 EMP-TCA 循环 - 呼吸链彻底氧化之后共生成 36mol ATP。

呼吸作用产生的能量除了以热能形式散失外，其余能量被植物生长发育直接利用。其中以 ATP 形式贮存的能量，当 ATP 分解成 ADP 和 Pi 时，就把贮存在高能磷酸键中的能量再释放出来。一分子蔗糖完全氧化为 CO_2 时约形成 60 分子 ATP，具体分布见表 6-1。

表 6-1　蔗糖经过糖酵解和三羧酸循环完全氧化时生成 ATP 的最高量

代谢途径	底物	产物	ATP 产生量
糖酵解	1 蔗糖	4 丙酮酸	
	4ADP+Pi	4ATP	4
	4NAD+（细胞质）	4 NADH	
三羧酸循环	4 丙酮酸	12 CO_2	
	4 ADP+Pi	4 ATP	4
	16 NAD$^+$（线粒体）	16 NADH	
	4 FAD	4 FADH$_2$	
氧化磷酸化	12 O_2	24 H_2O	
	4 NADH	4 NAD$^+$	6
	16 NADH	16 NAD$^+$	40
	4 FADH$_2$	4 FAD	6
总计			60

注：按照 1 个线粒体 NADH 氧化产生 2.5 个 ATP，一个细胞质 NADH 氧化产生 1.5 个 ATP，1 个 FADH$_2$ 产生 1.5 个 ATP 计算。

在活体内，合成 ATP 所需自由能大约是 50kJ·mol^{-1}，每摩尔蔗糖有氧呼吸氧化生成的 ATP 贮存约 3010kJ·mol^{-1} 自由能。按每摩尔蔗糖有氧氧化释放出自由能 5760kJ·mol^{-1} 计算，则绿色植物有氧呼吸过程蔗糖分解时，能量利用率约为 52％，其余能量以热的形式散失了。原核生物的能量利用率比真核细胞要高一些。

第三节　影响植物呼吸作用的因素

一、影响植物呼吸的内部因素

呼吸过程是一个非常复杂的过程，受到许多方面的影响。植物的种类、年龄、器官的不同及多种环境因素都会影响呼吸的过程。

不同植物具有不同的呼吸速率。一般来说，凡是生长快的植物呼吸速率就快，生长慢的植物呼吸速率也慢。如小麦的呼吸速率就比仙人掌快得多。

同一植物的不同组织或器官具有不同的呼吸速率。越是代谢活跃的组织或器官，其呼吸的速率也就越高。如正在发育的芽通常有很高的呼吸强度；而在成熟的营养组织中，茎常具有最低的呼吸速率。

当植物的组织成熟后，它的呼吸一般保持稳定或随年龄的增加而逐渐降低。如花在衰老过程中呼吸速率逐渐降低。

二、影响呼吸作用的外部因素

（一）温度

温度对呼吸作用的影响主要是因为温度对呼吸酶的影响。呼吸作用有温度三基点，即最低温度、最适温度和最高温度。呼吸作用的最适温度是指能较长时间维持高呼吸水平的温度，而不是指呼吸速率最高时的温度。所以当超过最适温度时，在短时间内呼吸速率还会升高；但时间延长后呼吸速率就会急剧下降。

一般来说，大多数植物呼吸作用的最适温度为 25 ~ 35℃，最高温度为 35 ~ 45℃。由于呼吸作用的最适温度总是高于光合作用的最适温度，因此当温度较高而光照不足时，植物体的消耗超过积累，对植物的生长不利。

温度系数，即由温度每升高 10℃ 引起呼吸速率增加的倍数。在 0 ~ 35℃ 生理温度范围内，植物呼吸作用的温度系数为 2 ~ 2.5。

（二）氧

植物的正常呼吸离不开氧，同时生物的氧化过程也离不开氧的参与。氧成分缺失或参与不足，就会对呼吸效率和呼吸性质产生直接影响，即降低氧浓度，就会减弱有氧呼吸，增高无氧呼吸。倘若无氧呼吸时间过长，就会直接导致植物的死亡，因为无氧呼吸是酒精产生的基础，而酒精的产生会引起植物细胞质蛋白质的变性。而且，在无氧呼吸环境下，其在利用葡萄糖的过程中也不会产生过多能量，这种情况下，植物不得不消耗更多有机物来维持正常的生理需要。另外，丙酮酸氧化过程的缺失，也会阻断中间产物的生成。

在一定范围内，氧浓度的增加会促进呼吸速度的增加，当在缺氧条件下逐渐增加氧浓度，无氧呼吸会逐步减弱直到消失，一般把无氧呼吸停止进行的最低氧含量（10% 左右）称为无氧呼吸的消失点（anaerobic respiration extinction point）（图6-4）。人们正是利用这个现象，在贮藏苹果时，调节外界氧浓度到无氧呼吸的消失点附近，使有氧呼吸减至最低限度，但不刺激糖酵解，果实中的糖类分解得最慢，有利于贮藏。

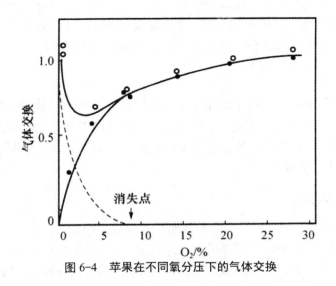

图 6-4 苹果在不同氧分压下的气体交换

实心点为耗氧量，空心点为释放量，虚线为无氧条件下 CO_2 的释放，消失点表示无氧呼吸停止

细胞内氧浓度在 10％ ~ 20％，无氧呼吸不进行，全部进行有氧呼吸。在过低的 O_2 浓度环境下，呼吸速率与 O_2 浓度成正相关关系，即 O_2 浓度的增加会引起呼吸速率的同步提升，但是，O_2 浓度超过一定的限度，即氧饱和点（oxygen saturation point），就无法促进呼吸作用。同时，氧饱和度也与温度关系密切，前者的提高大多与后者的升高有关。特别要注意的是，过高的氧浓度也会危害植物生长，造成这种现象的原因可能在于活性氧代谢形成自由基。

（三）二氧化碳

呼吸作用最终会释放大量的二氧化碳，倘若增加外界环境中二氧化碳的浓度，就会降低呼吸速率。实验数据显示，当二氧化碳的浓度在 1% ~ 10% 区间时，就会抑制呼吸作用。

大气中二氧化碳含量是一定的，不会有很大幅度的变化，所以呼吸作用受其影响的程度不会太高。但是，土壤中的根系和微生物每时每刻都在进行着呼吸活动，这些活动便是大量二氧化碳产生的根源，加之深层土壤透气性能的较低水平，土壤中的二氧化碳含量会不断累积，最终超过4%，甚至更高。因此，适时中耕，不仅有助于土壤空气和大气的气体交换，更可以促进根系的生长。

同样，可以利用二氧化碳浓度升高会抑制呼吸作用来保存果蔬。将果蔬贮藏在密闭环境里，并适当降低温度可减缓其呼吸速率，延长贮藏时间；不过要注意二氧化碳浓度不可超过 10%，否则果实会中毒变坏。

（四）光

植物叶在光下的呼吸速率和其光合作用有关。遮阴部分的叶的呼吸速率通常比直射光下的叶的呼吸速率要低。这可能是由于光下的叶可以提供更多的糖用于呼吸。光呼吸现象也是光下呼吸增加的原因。此外光照引起的温度升高也可能增加呼吸的速率。

（五）水分

整体植物的呼吸速率一般随植物组织含水量的增加而升高。

对于植物器官来说，其呼吸情况比较复杂。干燥的植物器官，如植物干燥的种子、干果等，呼吸很低，但当其吸水后呼吸会迅速增加（图 6-5）；而含水量高的肉质器官，如水果、块根、块茎等，随本身含水量及所处环境湿度的降低，呼吸反而升高，因为这些器官在失水时，为保持自身的水分会通过分解自身的物质，如淀粉、脂肪转化为可溶性糖，增加自身细胞液的浓度以降低水势，而可溶性糖是呼吸作用的基质，使呼吸升高，故肉质器官贮藏在干燥的环境中或受干旱接近萎蔫时呼吸速率有所增加，过一段时间后，可溶性糖逐渐减少至消耗殆尽，则呼吸速率会下降乃至停止。

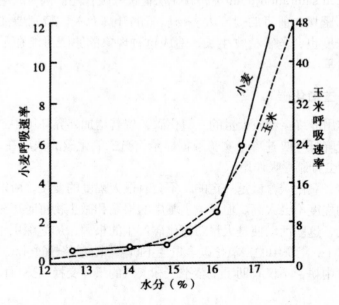

图 6-5　含水量不同的小麦和玉米种子呼吸速率比较（CO_2 mg/100 g 种子·小时）

（六）机械损伤

机械损伤会显著加快组织的呼吸速率，主要有以下两个原因：第一，组织中氧化酶与其底物原来有隔离，受损使隔离破坏，酚类化合物迅速被氧化，耗氧量增加；第二，机械损伤会引起某些细胞转变为分生组织状态，形成愈伤组织去修补伤处，这些细胞活动旺盛，呼吸速率很高。鉴于以上情况，在采收、包装、运输、贮藏水果蔬菜时，要尽可能注意防止机械损伤。

第四节　呼吸作用在农业生产中的应用

呼吸作用是代谢的中心，农业生产中一方面要促进呼吸以增加作物的生长发育，提高产量；另一方面由于呼吸消耗有机物，在贮藏植物产品时又要降低呼吸，减少损耗。总之，我们应利用呼吸作用的规律为生产服务。

一、呼吸作用在农产品安全贮藏中的应用

许多农产品如种子、果实蔬菜及块根块茎等，是有生命的有机体，其呼吸作用并不会因为贮藏而停止，反而会出现营养物质的大量消耗和产品质量的大幅下降。所以，多数农产品的贮藏应当保证贮藏环境低温、低氧和干燥等，只有这样，才能减弱呼吸，提高农产品贮藏的安全性和农产品的质量。

（一）种子的安全贮藏

许多植物产品，如种子、果实以及蔬菜等，在贮藏期间由于不断进行呼吸代谢，大量消耗营养物质，因而降低了产品的质量。为了保持农产品的质量，往往需要降低农产品的呼吸作用，如低温贮藏、低氧贮藏等。

水是干种子呼吸速率的限制因素。干种子呼吸速率微弱，当种子含水量达到一定量时，其呼吸速率上升，如油料种子含水量达到 $10\% \sim 11\%$，淀粉种子含水量达到 $15\% \sim 16\%$ 时，呼吸作用就显著增强，如果含水量继续升高，则呼吸速率几乎呈直线上升（图6-6）。其原因是：种子含水量增高后，种子内出现自由水，呼吸酶活性大大增高，呼吸速率就增强；呼吸释放的水分也会增大粮堆的湿度，也就是常见的种子"出汗"现象，同时呼吸过程也会释放热量，在提高粮堆温度的过程中，也会增强呼吸。而且，呼吸作用的散热也会带动粮堆升温，从而促进微生物活动，引起种子的变质、发芽力和食

用功能的丧失。

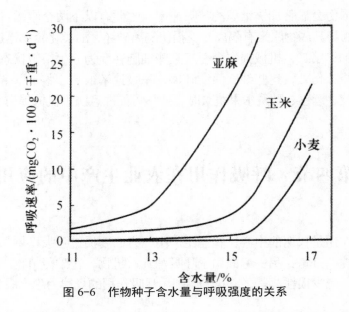

图 6-6　作物种子含水量与呼吸强度的关系

为使种子和粮食安全贮藏，国家有关部门种子安全贮藏的水分标准，在此含水量下，种子处于风干状态，所含水分都是束缚水，呼吸酶的活性降低到极限，呼吸极其微弱，可以安全贮藏，一般称其为安全含水量。各种种子安全含水量不同，比如，油料种子 8% ~ 9%，淀粉种子 12% ~ 14%，杉木 10% ~ 20%，马尾松 9% ~ 10%，刺槐 7% ~ 8%，侧柏 3% ~ 10% 等。淀粉种子安全含水量高于油料种子的原因，主要是由于淀粉种子中含淀粉等亲水物质多，干燥状态下存在的束缚水含量就要高一些。

粮食、种子安全贮藏的基本原理是控制水分，降低温度，抑制呼吸。安全贮藏的条件是干燥、低温。可采取以下措施：

第一，晒干。凡是能够进仓的种子，其含水量都必须在安全含水量以下。

第二，保障库房良好的通风和密闭环境。倘若开仓时间是冬天或晚上，则冷风可以穿透粮堆，具有良好的散热散湿效果，这种环境能够保证种子的发芽率；倘若开仓时间为梅雨季节，则需要全面密闭库房，以阻断外界潮湿空气的侵入渠道。

第三，控制库房内的气体成分。比如，将适量的二氧化碳增加至库房中，或减少库房中的氧气含量，或者以适量氮气来替换粮仓中的空气。气调法是近年来在国内外粮食贮藏中应用较为普遍和有效的方法，其原理就是抽出粮仓中的空气，代之以氮气，从而实现抑制呼吸、安全贮藏的效果。

除干燥种子外，有些植物如荔枝、龙眼、芒果、板栗、可可、核桃、茶等的种子成熟时有较高含水量（30% ~ 60%），采收后不久便可自动进入萌发状态，一旦脱水，种子生活力丧失。这类种子称为顽拗性种子。顽拗性种子的贮存过程中不耐失水，贮藏时不宜干燥，而需要在较高含水量的条件下保存。这类种子只能用低温控制呼吸进行贮藏。

（二）果蔬的安全贮藏

"呼吸跃变现象"指的是在发育成熟期，果实的呼吸速率会骤然加快，而后又快速降低，这一现象也被称为呼吸高峰。以呼吸跃变现象是否在果实成熟过程中出现为依据，果实可被细分为呼吸跃变型（如西红柿、西瓜、桃子、香蕉、鸭梨和苹果等）和非呼吸跃变型（如草莓、蔬菜、菠萝、葡萄等）两类。

温度是影响呼吸高峰现象出现的重要因素，以苹果贮藏为例，倘若库房温度达到 22.5℃，就会出现明显的呼吸跃变现象，当温度在 2.5 ~ 10℃时，也会缓慢地出现并不明显的呼吸跃变现象，当温度在 2.5℃以下时，就不会出现呼吸跃变现象。呼吸跃变的出现与果实中贮藏物质的水解是一 . 致的，达到呼吸跃变时，果实进入完全成熟阶段，此时，果实的色、香、味俱佳，是食用的最好时期。呼吸跃变也标志着果实生长发育阶段的结束与衰老的开始，过了这一时期，果实就变得不耐贮藏了。显然，在果实蔬菜贮藏过程中，关键是要推迟呼吸跃变的出现。

肉质果实贮藏保鲜时，重要的问题是延迟其成熟。要适当降低温度以推迟呼吸跃变的出现。从而推迟成熟，以延长保鲜期，香蕉贮藏的最适温度是11~14℃，苹果是 4℃，大多数蔬菜是 4~5℃。调节气体成分，增加周围环境中的 CO_2 浓度（但不能超过 10% 否则果实中毒变质），降低氧浓度，以减少呼吸作用，可促进果实长期保存，如番茄装箱用塑料布密封，抽去空气，充以氮气，把氧气浓度降至 3%~6%，可贮藏 3 个月以上。采取"自体保藏法"，在密闭环境中贮藏果蔬，由于其自身不断呼吸放出 CO_2，使环境中 CO_2 浓度增高，从而抑制呼吸作用，可稍微延长贮藏期。

一般热带和亚热带果实如樟梨和芒果等跃变峰的呼吸速率为跃变前的3~5 倍，而温带果实如苹果和梨等仅增高 1 倍左右。非呼吸跃变型果实自幼果期到成熟衰老，呼吸速率一 直稳步逐渐下降，其间没有明显的升高现象。

与乙烯在反应时间和程度上的差异是区分呼吸跃变型与非跃变型果实的另一依据，具体来讲，对于跃变型果实，乙烯的刺激作用通常发生在跃变前期，并且这是一种不可逆的反应，其后续进行也具有一定的自动性，因为在外源乙烯的作用下，果实中的乙烯会得到大量合成；而非跃变型果实则完全不同，乙烯对该类型果实的刺激作用随时都会发生，并且乙烯浓度越高，反应强度就会越明显，当失去乙烯刺激后，影响也就不复存在。

二、呼吸作用在作物栽培中的应用

呼吸作用于作物根系对养分的吸收、运输、转化及作物的生长发育关系密切，因此，在作物栽培过程中许多措施都是为了直接或间接地保证作物呼吸作用的正常进行。早稻浸种催芽时用温水淋种，并经常翻动，目的是调节种子堆的温度和通气状况，保证种子呼吸正常，促进发芽。对芽苗期秧田实行湿润管理，寒潮来临时及时灌水护秧（减轻低温危害），寒潮过后，适时排水，这些措施都是为了调节温度和氧气供应，以利于秧苗进行有氧呼吸，促进秧苗生长，防止烂秧，达到培育壮秧的目的。在稻田栽培管理中，中耕除草、勤灌浅灌、适时晒田，也是为了增加土壤中的氧气供应，使根系呼吸旺盛，促进新根的发生，促进根系对养分和水分的吸收，抑制厌氧微生物活动。早稻灌浆成熟期正处在高温季节，可以灌"跑马水"降温，减少呼吸消耗，有利于种子成熟。

在旱地栽培中，适时中耕松土，防止土壤板结，目的是改善作物根际周围的氧气供应，降低 CO_2 浓度，保证根系呼吸正常。地下水位高的田块，则要开深沟降低地下水位。

呼吸作用与作物产量：作物产量主要来自光合作用积累的有机物质，而呼吸作用是分解有机物，因此作物产量的高低也与呼吸作用有关。据测算作物生长过程中，大约有一半的光合产物被呼吸作用消耗。因此，适当地降低呼吸作用，减少有机物消耗是提高作物产量的一条途径。当呼吸作用高到能满足植物生理代谢的基本要求之后，呼吸作用再增强就是浪费过程，会减少有机物的积累而降低产量。因此，农作物栽培中要做到合理密植，目的是要保证田间通风、透光，充分发挥作物群体的光合潜力，同时减少呼吸消耗，以获得高的产量。有研究表明：就作物个体而言，在生长发育及光合能力不受影响的条件下，呼吸强度低的品种（特别是成熟叶片的呼吸强度）可以有效地减少有机物消耗，获得较高的产量。

三、呼吸作用与作物抗病

通常来讲，病原微生物的入侵会直接增强寄主植物的呼吸速率，造成这种现象的原因主要有三点：其一，病原微生物自带的呼吸作用会直接加快寄主植物的呼吸作用；其二，病原微生物的侵染会破坏寄主植物细胞，增强底物与酶的接触；其三，病原微生物的侵染可能会改变寄主植物的呼吸途径，即糖酵解－三羧酸循环途径减弱，磷酸戊糖途径加强。此外，含铜氧化酶类活性升高，比如，棉花感染黄萎病后多酚氧化酶与过氧化物酶的活性增强，小麦感染锈病后多酚氧化酶和抗坏血酸氧化酶的活性提高。有时抗氧呼吸也很活跃，氧化与磷酸化解偶联，引起感染部位的温度升高。

总之，植物抗病能力的强弱直接影响其呼吸幅度上升的发展及持续时间。具体来讲，当染病的植株具备较强的抗病能力时，呼吸速率也会出现较大幅度的上升和长时间的持续，反之，则恰好相反。而造成这种现象的原因，主要有以下五点：

第一，消除毒素。有些病原微生物能分泌毒素致使寄主细胞死亡，如番茄枯萎病产生镰刀菌酸，棉花黄萎病产生多酚类物质。寄主植物通过加强呼吸作用，或将毒素氧化分解为 CO_2 和 H_2O 或转化为无毒物质。

第二，促进保护圈的形成。有些病原微生物只能寄生于活细胞，在死细胞则不能生存。抗病力强的植株感病后呼吸剧增，细胞衰死加快，致使病原菌不能发展，而这些死细胞反倒成为活细胞和活组织的保护圈。

第三，促进伤口愈合。寄主植物通过提高呼吸速率加快使伤口附近形成木栓层，促使伤口愈合，从而限制病情发展。

第四，对病原菌水解酶的活性加以抑制。大多数病原微生物获取寄主身上的营养物质，主要是通过水解酶的分泌来实现的，而基于呼吸作用，寄主植物也可以对病原菌水解酶的活性进行抑制，通过这样的方式，病原菌的养料供应可以得到有效限制或阻断，病情蔓延也可以得到终止。

第五，植物的莽草酸途径与糖酵解和磷酸戊糖途径关系密切，因为具有杀菌作用的绿原酸、咖啡酸是通过莽草酸途径合成的，而莽草酸正是利用磷酸烯醇式丙酮酸和赤藓糖 −4 磷酸为起始物合成的。

第七章　植物的逆境生理与环境保护应用

　　对植物生存与生长不利的环境因子称为逆境（environmental stress），亦称为环境胁迫或胁迫（stress）。逆境的种类很多，就其性质可划分为两大类，即理化逆境和生物逆境。抗性生理的主要研究内容有两个方面：一是逆境对植物怎样造成伤害；二是植物如何适应和抵抗这些伤害。不同植物体对生存环境的要求是不同的，如有些植物不能适应这些不良环境，无法生存；有些植物却能适应这些环境，继续生存下去。这种对不良环境的适应性和抵抗力，称为植物的抗逆性，简称抗性。抗性是植物长期进化过程中对逆境的适应形成的。[①]

第一节　植物抗逆境的生理基础

一、植物对逆境的生理响应

　　在逆境条件下，环境胁迫直接或间接地引起植物体发生一系列的生理生化变化，包括有害变化和适应性变化，不同胁迫引起的变化存在一定的共性。

（一）生长速率变化

　　植物地上部分的伸长生长对环境胁迫非常敏感，尤其是在干旱胁迫下，还未检测到光合速率的变化时，叶片的伸长生长已经变缓甚至停止。然而，

———————
①　陈兴业，冶林茂，张硌. 土壤水分植物生理与肥料学 [M]. 北京：海洋出版社，2010.

在干旱的开始阶段或在较轻的干旱胁迫下，根系的发育受到促进。

（二）水分亏缺与渗透调节

许多环境胁迫都能导致植物体的水分亏缺，如在冰冻、低温、高温、干旱、盐渍及病害发生时，直接影响植物的水分吸收，导致植物吸水力降低，蒸腾量降低。植物应对水分亏缺的重要生理机制之一就是进行渗透调节，即积累可溶性的渗透调节物质，降低细胞水势，增强吸水和保水的能力。

（三）光合作用的变化

在各种逆境胁迫下，植物的光合作用都呈现出下降的趋势，同化产物供应减少，如干旱、寒害、高温、盐渍、涝害等均可使光合酶活性下降、气孔关闭，造成 CO_2 供应不足而使光合下降，这就是光合作用的非气孔限制。此外，环境胁迫也使植物生长受到抑制，叶面积减小而限制光合作用。光合作用降低导致植物碳素营养的不足。

（四）呼吸作用的变化

在环境胁迫下，植物呼吸作用的变化明显，主要表现在三个方面：第一，植物呼吸作用对不同逆境胁迫的反应不同，如冻害、热害、盐渍和涝害时，植物的呼吸速率明显下降；而冷害、旱害时，植物的呼吸速率先升后降；植物发生病害时，植物呼吸显著增强。第二，呼吸的效率降低，由于线粒体在逆境下的结构和功能改变，导致氧化磷酸化解耦联，ATP 的合成减少，以热形式释放的呼吸能量增加。第三，植物的呼吸代谢途径亦发生变化，如在干旱、病害、机械损伤时 PPP 所占比例会有所增大。

（五）物质代谢的变化

如果生长环境不合适，那么植物内各种物质分解的速度会加快，会远远超过物质合成的速度，同时水解酶的活性会变高。在水解酶的作用下，植物内存储的淀粉、蛋白质等大分子物质会被分解，如淀粉会分解为葡萄糖，导致可溶性氮的含量大幅增加。

二、植物对逆境的适应

植物自身对逆境的适应能力叫作适应性（adaptability），植物对逆境的适应方式是多种多样的（图 7-1），分为避逆性和抗逆性。

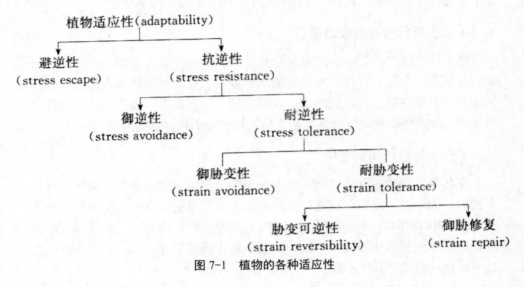

图 7-1 植物的各种适应性

避逆性指的是植物在适宜生长的季节完成整个生长过程，避开不适宜的生长季节与生长条件，一个典型表现就是在沙漠中，一些生命周期比较短的植物不会在旱季生长，只会在雨季萌芽、生长、开花、结果。

抗逆性指的是植物抵御不良生长环境与生长条件的能力，可以细分为御逆性和耐逆性两种特性。其中御逆性是指植物通过各种途径摒拒逆境对植物产生的直接效应，维持植物在逆境条件下正常生理活动的能力。耐逆性指的是植物在不适宜的生长环境中受到伤害后，通过代谢降低这种伤害的能力，同样可以细分为两种特性：一种是御胁变性；另一种是耐胁变性。御逆行与耐逆性对比见表 7-1。

表 7-1 逆境对植物产生的直接效应及御逆行与耐逆性的比较

逆境种类	逆境的直接效应	植物的反应	
		御逆行	耐逆性
低温	植物体降温	植物体不降温	植物体降温
高温	植物体升温	植物体不升温	植物体升温
干旱	植物体含水量降低	植物体含水量不降低	植物体含水量降低
盐碱	植物体含盐量升高	植物体含盐量不升高	植物体含盐量升高
水涝	植物体缺氧	植物体不缺氧	植物体缺氧
辐射	植物体吸收	植物体不吸收	植物体吸收

御胁变性指的是植物的细胞膜比较稳定，蛋白质之间的键合能力比较强，拥有很多保护物质，可以降低植物在不适宜的生长环境中因单位胁迫所造成的胁变。

耐胁变性需要通过两个概念来理解：一是胁变可逆性，指的是植物在不适宜的生长环境中，其生理生化功能发生一系列变化，当生长环境变好之后，生理生化功能可以在短时间内恢复的能力；二是胁变修复，指的是植物在不适宜的生长环境中受到伤害之后，通过代谢使被损害的结构或功能得到修复的能力。

应该指出，同种植物对逆境的适应性的强弱取决于胁迫强度、胁迫时间、胁迫方式和植物自身的遗传潜力。由此可见，植物对各种逆境胁迫的适应性常常是相互关联的。植物在经历了某种逆境受，对另一些逆境的抵抗能力也会增强，这种现象称为植物的交叉适应。

第二节　植物的抗寒性与抗热性

一、极端温度对植物的伤害

（一）低温对植物的伤害

不仅高温能够对植物产生严重的伤害，低温对植物的伤害同样需要引起重视。低温伤害是指当植物生存环境的温度降到植物所能忍受的最低温度以下时，低温对植物的伤害。低温伤害就其实质来说有三种：一是冻害，即冬季温度低于0℃时，造成植物体内结冰给植物组织造成的伤害。二是霜害，霜害是指空气之中的饱和水分因气温降低在叶片周围凝结成霜，对植物造成伤害。如早春植物发芽后易遭突如其来的晚霜的伤害。三是寒害，又称冷害，是指气温在0℃以上的低温对植物造成的伤害，寒害一般发生在热带和亚热带地区，寒带地区植物一般能够忍受。

低温对植物造成伤害的程度与多种因素有关，首先与植物本身的抗寒能力有关，其次与低温持续的时间、温度降低的幅度和发生的季节有着明显的联系。一般南方植物忍受低温能力要比北方植物的差，如扶桑、茉莉等在10℃~15℃的气温下即受冻，而珍珠梅、东北山梅花可耐-45℃左右的低温。在栽培过程中，应采取保护性措施，如涂白、灌水、埋土、根茎堆土、束草把、搭风障、防霜等防止低温伤害。

（二）高温对植物的伤害

高温伤害是指当植物生存环境的温度超过植物生长所能适应的最高温度之后给植物带来的伤害。高温能够直接阻碍植物的生长发育，甚至直接导致植物的死亡，对植株产生十分严重的影响。

一般而言，如果植物生存环境的温度达到35℃~40℃时，植物会停止生长，因为在这种温度下，植物光合作用和呼吸作用不能维持平衡，呼吸作用会远远强于光合作用，植物营养物质的消耗大于积累。如果植物生存环境的温度达到45℃以上时，高温会直接影响植物体内酶的活性，酶是生物生命活动不可缺少的物质，缺乏酶的植物会形成局部伤害或全株死亡。另外，温度过高使蒸腾作用加强导致整株植株萎蔫枯死的现象和使叶片过早衰老减少有效叶面积的现象也是时有发生。高温还会灼伤树皮，观花类植物花期缩短或花瓣焦灼。观叶植物在高温下叶片褪色失绿、根系早熟与木质化，降低植物根系的对营养物质和水的吸收能力进而影响植物的生长。生长于沙土地上的植物幼苗，常因土壤温度过高，根茎和苗干受日灼而死亡。

自然界中存在着形形色色的种类各异的植物，各种植物耐高温的能力有着明显的差异。例如，米兰只有夏季高温下才能花香浓郁，生长旺盛；而水仙、仙客来和吊钟等，在夏季会因高温而进入休眠期。一些秋播花草，在夏季来临前即干枯死亡，而以种子的形式度过夏天。同一植物处在不同的生长发育时期，其耐高温的能力也存在着明显的差异，一般来说，种子期的耐高温能力最强，而开花期耐高温能力最弱。在进行植物的栽培与养护管理的过程之中，应该尽量让植物处于最适合的生长温度，在高温的情况之下，需要适时采取降温措施以帮助植物安全越夏。

二、植物的抗寒性

（一）寒害的类型

1. 冷害

冷害指的是因低温导致热带、亚热带等喜温植物的生长过程受到抑制，使植物内部的结构及功能受到破坏，导致植物无法健康生长甚至可能走向死亡。需要注意的是，这里的低温不是零下低温，而是零上低温。在我国，冷害是一种常见的灾害，经常发生在早春季节或晚秋季节，典型代表就是"倒春寒"。对于农业生产来说，如果冷害发生在早春季节，那么会导致农作物的早期生长过程受到抑制，可能无法正常生长、成熟，如水稻在开花期遇到冷害，会产生很多空秕粒。如果冷害发生在晚秋季节，那么可能导致农作物无法成熟，或者成熟后无法收获，如三叶橡胶树如果在冬季遇到寒流，轻则枝条干枯，重则整棵植株死亡。由此可见，冷害是很多地区限制农业生产的主要因素之一。

2. 冻害

冻害发生在零下低温环境中，随着温度降至0℃以下，植物内部存储的水分或其他液体物质会出现冰冻，导致植物受到伤害或直接死亡。在我国，从地域来看，冻害在我国各地区普遍存在；从时间来看，冻害主要发生在早春、晚秋。因为在这两个季节，植物或处于生长期，或处于成熟期，一旦遇到气温骤降现象，就会受到严重伤害。

（二）抗寒性的机制

1. 冷害的机制

冷害对植物的伤害大致分为两个步骤：第一步是膜相变，第二步是由于膜损坏而引起代谢紊乱，严重时导致死亡（图7-2）。

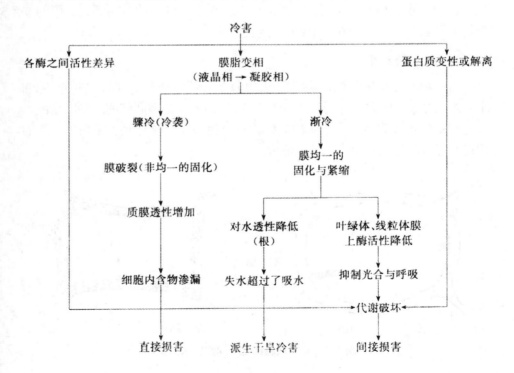

图 7-2 冷害的机制图解

生物膜是细胞及细胞器相互独立和保护的基本结构，各种细胞器都是由生物膜构建而成的膜系统。膜的双分子层脂质的物理状态与温度有关。温度高时为液晶相，温度低时为凝胶相。在正常状态下，膜脂呈液晶相。但当温度下降到一定程度时，对低温比较敏感的植物的生物膜就会从液晶相转变为凝胶相，生物膜上会出现裂缝，生物膜会变薄，受到低温影响的离子会从生物膜中渗出，导致生物膜内部的离子平衡状态受到破坏。在生物膜的形态发生改变的同时，生物膜上的酶系统的活性也会下降。对低温不敏感的植物在低温环境下，受到强光及冷害的影响会产生光抑制，导致产生光合作用的机构受到损坏。

植物学家研究发现，对于同一种植物来说，对低温不敏感的品种的叶片膜脂不饱和脂肪酸的含量要高于对低温敏感的品种，不饱和脂肪酸的不饱和程度也要高于对低温敏感的品种，而脂肪酸的不饱和程度在很大程度上取决于膜流动性。也就是说，耐低温的植物会通过调整膜脂不饱和脂肪酸的不饱和度来控制生物膜的流动性，以此来应对低温环境对内部结构与功能的破坏。

此外，低温还会引起植物生理生化方面的异常变化，使蛋白质变性或解离，于是细胞代谢紊乱，积累一些有毒的中间产物，时间过长，细胞核组织死亡。由于膜的相变短时间是可逆的，但如果在冷温下的时间延长，膜的损伤是不可恢复的，则会发生组织受伤死亡。

2. 冻害的机制

当环境温度缓慢降低，使植物组织内温度降到冰点以下时，细胞间隙的水开始结冰，即所谓的胞间结冰（图7-3）。但无论是胞间结冰或胞内结冰，都与细胞质过度脱水，损伤蛋白质结构有直接关系。解释脱水损伤蛋白质的假说有多种，这里着重介绍硫氢假说。

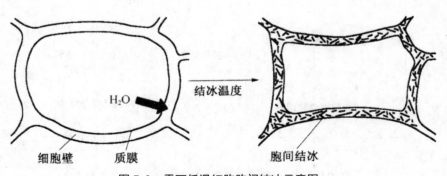

H₂O　结冰温度

细胞壁　质膜　　　　　　　　胞间结冰

图 7-3　零下低温细胞胞间结冰示意图

Levitt（1962）提出结冰对细胞的伤害主要是低温下破坏了蛋白质空间结构（图7-4）。当受冻的原生质脱水时，蛋白质分子外面的水层变薄，因而彼此靠近，两个相邻肽链外部的一SH接触，氧化脱氢而形成一S—S一键；也可通过一个肽链外部的一SH与另一个肽链内部的一SH形成一S—S一键。经过前述变化，蛋白质分子凝聚。当解冻再度吸水后，肽链松散，氢键处断裂，双硫键还保存，肽链的空间位置发生变化，蛋白质分子的空间构象就改变。结冰破坏蛋白质分子的空间构象，就会引起伤害和死亡。

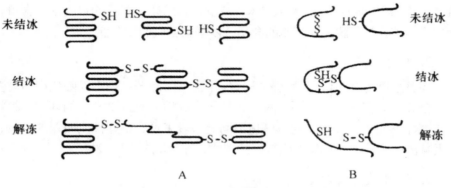

未结冰　　结冰　　解冻　　　　　A　　　　　B　　　未结冰　结冰　解冻

图7-4　冰冻时由于分子间二硫键的形成使蛋白质结构破坏

（三）植物对冻害的生理适应

为了应对低温冻害，植物进化出来一些特殊本领。例如，在北方冬季低温地区，很多草本植物地面以上的部分会干枯，但地下的根茎会存活下来，等到第二年春天再次发芽长出新的植株；木本植物则会在秋天落叶，减少能量消耗，或者长出木栓层等结构，以增强保护功能，以抵御严寒；还有一些植物会在秋天结出种子，种子成熟之后落到土壤里，成功越冬之后在第二年的春天发芽生长。

总而言之，进入秋冬季节，植物感知到气温下降之后，会主动做出一系列调整来增强自己的抗寒力，以应对即将到来的寒冷气候，这个过程就是抗寒锻炼。虽然植物的抗寒性属于植物的本性，是植物在寒冷的环境下不断调整自身的生理生化代谢功能的结果，但需要注意的是，植物抗寒能力的提升离不开抗寒锻炼。在进行抗寒锻炼之前，植物的抗寒性都比较弱。例如，松柏等针叶树在冬季可以在零下30～40℃的环境下生存，但如果在夏季人为地将其生长环境的温度下调至零下，则会导致其很快死亡。在我国北方，植物很容易在早春或晚秋季节受到冻害，就是因为在晚秋植物还没有完成抗寒锻炼，而在早春，抗寒锻炼所带来的抗寒性开始失效，一旦遇到寒潮，植物很容易受到冻害。

总而言之，为了应对低温寒冷的冬季，植物在生理生化方面做了很多调整，具体表现为以下三个方面。

1. 植株含水量下降

植物之所以会受到冻害，一个主要原因就是体内的水含量过高，所以为了应对寒冷的冬季，有些植物会落叶，直接降低体内的含水量，无法落叶的植物则会增强细胞内的亲水性胶体，减少容易结冰、蒸腾的自由水的含量，增加不易结冰与蒸腾的束缚水的含量，以增强自身的抗寒性。

2. 呼吸减弱

随着温度不断下降，植物的呼吸作用会不断减弱，使得新陈代谢活动变慢，糖分消耗变少，糖分不断积累，从而更好地适应低温寒冷的环境。植物的抗寒性不同，呼吸减弱的速度也不同。一般来说，抗寒性比较差的植物，呼吸减弱得比较快；抗寒性比较好的植物，呼吸减弱得比较慢。

3. 脱落酸含量增多

进入秋季，随着温度下降，很多树木的叶子会掉落，形成较多的脱落酸。这些脱落酸会被运输到树木的生长点上，对茎的生长产生一定的抑制作用，形成休眠芽。待树叶全部脱落之后，树木就会进入休眠期，以应对寒冷的冬季。

三、植物的抗热性

由高温引起植物伤害的现象称为热害（hear injury）。而植物对高温胁迫（high temperature stress）的适应则称为抗热性（heat resistance）。

（一）植物产生热害的温度临界值及症状

产生热害的温度临界值很难界定，因为不同种类的植物对高温的忍耐程度有很大差异。在某些地区（如南方热害）是由于太阳曝晒所致，而在另一些地区（如西北和华北）则是因干热风造成的。植物种类不同，所能承受的最高温度也不同，适度喜温植物可以承受45℃的高温，如果超过这个温度就会受到伤害；极度喜温植物可以承受 65 ~ 110℃的温度，而地衣和苔藓等水生植物和喜阴植物所能承受的最高温度不能超过 35℃，某些藻类、真菌等喜冷植物的适宜生长温度为 0 ~ 20℃，超过 20℃就会受到伤害。

植物的热害症状是：叶片出现明显的死斑，叶绿素破坏严重，叶色变成褐黄；器官脱落；木本植物树干，尤其是向阳部分干燥，开裂；鲜果（如葡萄和番茄等）发生灼伤，以后在受伤部位与健康部位之间形成木栓，有时甚至整个果实死亡；出现雄性不育、花序或子房脱落等异常现象。

（二）植物抗热性的生理基础

植物的抗热性受很多因素的影响：

第一，植物的抗热性与其生长环境有很大关系。一般来说，生长在亚热带、热带地区的植物的抗热性要远远好于生长在温带以及寒带地区的植物。

第二，植物所处的生长期不同，所讨论的器官不同，抗热性也不同。例如，处于成熟期的叶片的抗热性最强，远远高于新生叶片和衰老叶片；种子在休眠期的抗热性最强，要远远高于萌芽期；越接近成熟期，果实的抗热性越强。

第三，植物的抗热性与自身的代谢能力息息相关。植物体内蛋白质的热稳定性越强，越能够在高温环境中保证代谢的稳定性，越能够适应高温环境。蛋白质的热稳定性取决于两大因素：一是内部化学键是否牢固；二是内部化学键键能大小。蛋白质的疏水键、二硫键越多，越不容易在高温的影响下发生不可逆的变性与凝聚，反而可以在高温刺激下合成热激蛋白，增强植物对高温环境的适应能力。另外，抗热性越好的植物，其体内的核酸也具有较高的热稳定性，可以为蛋白质的合成、代谢与更新提供强有力的保障。

第四，有机酸的代谢强度也会对植物的抗热性产生影响，例如，生长在沙漠中的植物的有机酸代谢比较旺盛，对高温环境的适应性也比较强；生长在寒冷地带的植物的有机酸代谢比较缓慢，对高温环境的适应能力相对较弱。

第三节　植物的抗旱性与抗涝性

一、水分对植物的影响

（一）干旱对植物的伤害

1. 膜受损伤

细胞缺水体积变小时，细胞膜的透性会增加，一些有机物质向细胞外渗透，原因在于原生质膜脂类双分子的排列被破坏。在正常的植物细胞中，细胞膜内的脂类分子呈双分子层排列，通过磷脂极性同水分子连接，被包含于水分子之间（图7-5）。

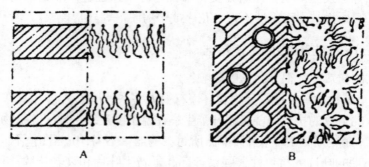

图 7-5　膜内脂类分子排列

A. 在细胞正常水分状况下双分子分层排列；B. 脱水膜内

2. 光合作用减弱

研究发现，随土壤水势降低，光合速率显著下降（图7-6）。干旱胁迫时，光合作用减弱，即植物对 CO_2 吸收能力不强，光合受抑的原因包括气孔性限制和非气孔性限制。其中，气孔性限制指因水分不足时气孔开度减小，再加上气孔阻力渐渐增大，导致气孔处于关闭的状态，因而限制了细胞对 CO_2 的吸收；非气孔性限制指因水分缺失使叶绿体结构受损，叶绿素的含量降低，光合活性也随之下降，从而导致植物的光合作用受到抑制。研究表明，植物在缺水时，叶绿体中的 Mg^{2+} 浓度可能影响光合作用。Mg^{2+} 浓度的大小决定了光合作用的强弱，尽管植物叶片水分不足，但较低浓度的 Mg^{2+} 也能维持较高的光合作用速率。

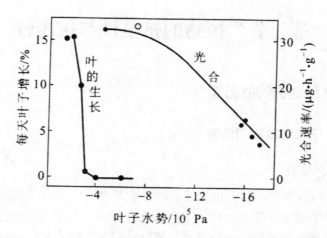

图 7-6　盆栽向日葵水分亏缺对叶片生长速率和光合速率（干重计）的影响

3. 水分重新分配

当水分缺乏时，植物各组织器官的水分会重新被分配，水分会流向水势小的组织或器官。鲜嫩的叶子从老叶夺取水分，导致老叶逐渐凋零脱落，植物的叶子少了，光合面积也自然减少。干旱的幼叶从果实中夺取水分，导致果实出现干瘪或提前掉落等现象。

4. 机械性损伤

干旱严重时，植物所受的危害有时是不可逆的，对细胞造成的机械性损伤是植物死亡的原因之一。植物细胞处于缺水的状态，或者是细胞再吸水时，原生质体和细胞壁会出现收缩或膨胀的情况，由于两者的收缩程度和膨胀速度各不相同，因而可能出现细胞相互挤压和撕裂的状况。在正常状态的植物细胞中，原生质体与细胞壁是相贴的，如果细胞失水体积变小，两者均出现收缩的现象，收缩到一定程度之后，细胞壁便停止了收缩，这种情况下，原生质体就会被拉破。细胞在失水之后再度吸水，因细胞壁吸水的速度超过原生质体，所以原生质体会受到机械损伤，从而导致植物细胞的死亡速度加快（图7-7）。

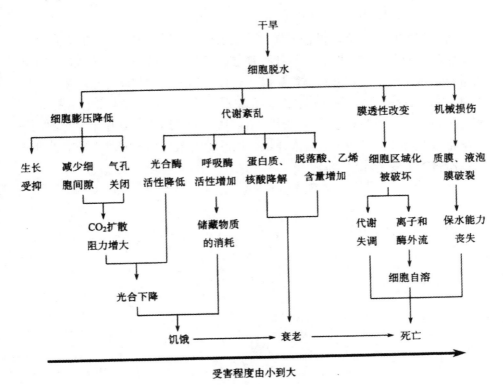

图 7-7　干旱引起植物伤害的生理机制

（二）水涝对植物的危害

水涝对植物的危害主要在于细胞对氧气的吸收不足，即缺氧，水涝对植物的危害不在于水分本身，而是水分过多引起植物缺氧，往往是淹涝诱导的次生胁迫给植物的形态、生长和代谢带来一系列的不良影响（图7-8）。

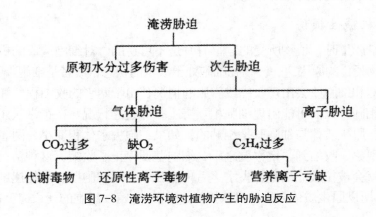

图7-8 淹涝环境对植物产生的胁迫反应

1. 水涝对植物代谢的效应

涝害使植物光合速率显著下降，其原因可能与阻碍 CO_2 的吸收及同化产物运输受阻有关。涝害时，无氧呼吸加强，ATP 合成减少，许多代谢不能正常进行。水涝缺氧还使线粒体数量减少，体积增大，嵴数减少；如果缺氧时间过长则导致线粒体失活。涝害时，乳酸积累是导致细胞酸中毒的重要原因。涝害时，有氧呼吸的 O_2 供应不足，在乳酸脱氢酶（LDH）作用下，把丙酮酸发酵形成乳酸（图7-9）。有人建议，用乙醇脱氢酶和乳酸脱氢酶活性作为作物涝害的主要生理指标。

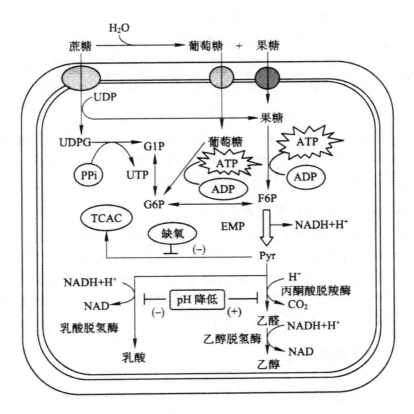

图 7-9 缺氧期间，糖酵解产生的丙酮酸最初发酵为乳酸

2. 水涝对植物形态与生长的效应

水涝缺 O_2 既降低植物地上部分的生长，又降低根系的生长。例如，苋菜和玉米生长在含 O_2 量为 4% 的环境中，20d 后干物质产量分别降低 57% 和 32% ~ 47%。受涝的植株矮小，叶色变黄，根尖变黑，叶柄偏上生长。水涝缺 O_2 还影响细胞的亚显微结构。例如，小黑麦根细胞因缺 O_2 使线粒体数量减少，体积增大，嵴数减少；如果缺 O_2 时间达 24h 以上，可导致线粒体解体。

3. 水涝引起乙烯增加对植物的效应

根据植物研究可知，水涝会导致植物体内的乙烯含量增多，首先是植物根系的物质含量发生转变，植物根系大量合成物质 ACC，物质 ACC 在与空气接触之后即转变为乙烯，乙烯含量的增多对植物生长产生不良的影响，如叶片脱落、花瓣褪色等。总而言之，在淹水的情况下，植物体内的乙烯含量明显增加，例如，水涝时，美国梧桐植物的乙烯含量是平时的 10 倍。

4. 水涝引起的水分亏缺效应

涝害的第一个症状就是叶片的萎蔫。由于田间渍水，氧气不足，能量供应减少，有毒物质乙醇、乙醛等产生并积累，细胞分裂素、赤霉素等激素合成减少，根系吸收能力降低并腐烂，造成地上部缺水，间接地引起水分亏缺。

5. 水涝引起的活性氧积累效应

水涝时叶片仍处在有氧环境中，为氧的还原提供了可能。水涝时植物的叶绿体、线粒体的结构和功能受到伤害，O_2 产生 O_2^- 和 H_2O_2 等活性氧的产生量增加，清除能力减弱，使活性氧积累造成伤害。

6. 水涝引起的营养失调效应

由于缺氧使得土壤中的好气性细菌（如氨化细菌、硝化细菌等）的正常生长活动受到抑制，影响了矿质营养供应。相反，土壤中的厌气性细菌（如丁酸细菌）活跃，从而增大土壤溶液的酸度，降低其氧化还原势，使土壤内形成大量有害的还原性物质（如 H_2S、Fe^{2+}、Mn^{2+} 等），使必需元素 Mn、Fe 等易被还原流失，从而引起植株营养缺乏。

二、植物的抗旱性

（一）旱害的机理

生长过程中，如果遇到干旱这一自然灾害，植物便会受到不良影响，经常出现幼茎下垂、叶片卷曲等现象，此种现象称为萎蔫。萎蔫包括两种类型，即暂时萎蔫和永久萎蔫，其中，暂时萎蔫指因水分暂时缺失而引起的叶片和嫩茎萎蔫，当水分充足时植物便恢复挺立状态，经常出现在炎热的夏季，白天植物暂时萎蔫，晚上植物正常生长；永久萎蔫指植物因严重缺水而导致根系死亡，即便给予充足的水分，植物也不会恢复挺立状态，一般情况下，土壤严重缺水会引起植物永久萎蔫。

（二）植物抗旱的分子和细胞机制

植物无论在生理上还是在发育水平上，对干旱的抗性都与植物体内的基因表达有关。

有研究认为，植物以组氨酸激酶（HK1）感受干旱胁迫，然后通过三条途径活化组成型转录因子：①可能通过 MAPKKK 引发的级联（cascades）磷酸化反应。MAPK 是分裂原激活蛋白激酶，在细胞信号转导过程中起着重要的作用。这个途径中的其他蛋白激酶是 SIMKK/SIPKK 和 SIMK（胁迫诱导的分裂原激活蛋白激酶）/SIPK（水杨酸诱导蛋白激酶）。②通过磷脂酶 C（PLC）、IP3（三磷酸肌醇）和 CDPK（依钙的蛋白激酶）途径。③通过磷脂酶 C、DAG（1，2-diacylglycerol，甘油二酯）和 ROS（reactive oxygen species，活性氧）途径。组成型转录因子活化后再通过依赖 ABA 和不依赖 ABA 的途径诱导抗旱有关基因的表达，从而引起抗旱反应。

植物对干旱胁迫反应的细胞转导途径如图 7-10 所示。

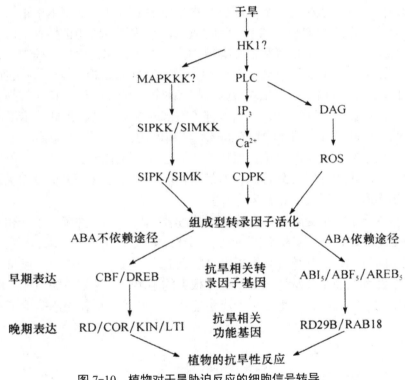

图 7-10　植物对干旱胁迫反应的细胞信号转导

DREB1. 脱水响应元件结合因子 1；CBF.C- 重复序列结合因子；RD. 脱水响应蛋白；COR47. 冷调节蛋白；KIN. 冷诱导蛋白；LTI. 低温诱导蛋白；ABI.ABA 不敏感基因蛋白；ABF.ABA 响应元件结合因子；AREB.ABA 响应元件结合蛋白；RD22 和 RD29B. 脱水响应基因蛋白；RAB.ABA 响应基因蛋白

三、植物的抗涝性

不同作物抗涝能力有别。如旱生作物中，油菜比马铃薯、番茄抗涝；荞麦比胡萝卜、紫云英抗涝。沼泽作物中，水稻比藕更抗涝；水稻中，籼稻比糯稻抗涝；糯稻又比粳稻抗涝。木本植物耐涝性随树种、生态型和原产地而异。通常，木本被子植物耐涝性大于裸子植物，但少数裸子植物的耐涝性也很强，如落羽松、北美红杉、萌芽松、火炬松和晚松。

在不同的生长阶段，植物的抗涝程度不同。幼苗形成阶段的抗涝性较弱，容易受到水涝的危害，而植物生长成熟阶段，抗涝性较强，所受的危害也相对较轻。

细胞间隙系统是否发达决定了植物对缺氧环境的适应能力，植物所具备的细胞间隙系统能够将吸收的氧气运输至根部，植物根部所处的土壤是下层土壤，因而根部也称为缺氧的部位，水生植物之所以可以在水里正常生长，就是因为可以通过细胞间隙系统吸收氧气，通常陆生植物也具有上述生理机制，如水稻、小麦、蚕豆和番茄等植物。水稻在长期的生长过程中，已经逐渐适应了沼泽化土壤，相比于其他旱作植物，水稻的细胞间隙系统更加发达，细胞内氧气的运输能力也相对较强，根部对氧气的吸收能力也非常高，根际还原物质的积累有所降低，从而保证了根部的顺利生长，因此，水稻的抗涝性也强。由此可知，植物的细胞间隙系统越发达，抗涝性就越强。

相比于氧气充足的环境，植物根部更适合在缺氧环境下生长，虽然根部在缺氧的环境中呼吸受到抑制，但是植物地上的部分反而生长更加快速，耐涝植物不适合在通气良好的环境下生长。

诱发不定根是受淹植物最常见的形态学变化之一。许多单子叶和双子叶植物受淹后，在茎的基部或根基形成不定根，如大麦、小麦、玉米、水稻、甘蔗、番茄、向日葵、三叶草等。发根区域临近淹水水面，水分充足，通气良好。不定根发育缩短了氧从通气部位运至根尖的距离，避免根系缺氧和土壤中有毒物质的危害，减轻了地上部的涝害症状，延长了植株在淹水条件下存活的时间。

第四节　植物的抗盐性与抗金属污染性

一、盐碱土对植物的影响

盐碱土对植物的生长发育影响十分广泛。盐碱土包括盐土和碱土两大类。盐土是指含盐量较高的土壤，盐土系滨海地带土壤，一般由海水浸渍而成，以含氯化钠、硫酸钾为主。碱土是指土壤中以碳酸钠和重碳酸钠为主的可溶性物质含量较高，导致土壤呈现强碱性，碱土多发生在干旱、少雨的内陆。盐土和碱土是两类不同的土壤，一般盐土不呈现碱土反映，就我国而言，我国有广袤的海岸线，导致我国盐土面积较大，碱土面积较小。

植物在盐碱土上一般生长比较困难，将不耐盐碱的植物种植在盐碱土地上之后甚至会直接死亡。主要是这些盐类使土壤溶液的浓度大于细胞液浓度，迫使细胞液反渗透，造成质壁分离。另外，各种盐类对根系有腐蚀作用，致使植株凋萎枯死。植物种类不同，抗盐碱能力不同，如紫穗槐、乌桕、柽柳、苦楝等抗盐碱能力强，可以有选择地种植。

另外，土壤温度状况、透气状况、水分状况对根系的生长及微生物的活动都产生着重要的影响。

二、重金属对植物的伤害

在工业污水中常含 Hg、Cr、As、Cd、Pb 等重金属离子，即使浓度很低也会使植物受害。例如，污水含 Hg 量在 0.37ppm 时水稻开始受害，含 Cr 量达 1ppm 即影响小麦的生长，如用含 2ppm 的溶液培养水稻，其生长受抑；浓度为 4ppm 时分蘖减少，根呈黑褐色；当浓度达到 20ppm 时叶片萎蔫，根系变黑，最后全株枯死。研究表明，重金属致伤的机理可能与蛋白质变性有关。一方面，它们能置换某些酶蛋白中的 Fe、Mn 等活性基，抑制酶的活性，干扰平常代谢；另一方面，它们能与胰蛋白结合，破坏膜的分别透性。此外，重金属离子浓度过高，也会使原生质变性。[①]

重金属污染对生态环境的危害日趋严重，范围也在随人类活动区域的扩大而不断扩展，对人类的生存环境安全造成了很大威胁。为及时掌握重金属污染的程度以更好地进行管理和控制，需要对土壤环境进行监测和评价。通过对重金属污染状况的监测和评价，可以正确反映过去和现在的土壤环境质量，确定是否受到污染、受到何种污染、污染程度和范围，并及时指导环境管理和污染治理工作。[②]

---

① 郝再彬，徐仲，苍晶等．植物生理生化 [M]．哈尔滨：哈尔滨出版社，2002.

② 圣倩倩，祝遵凌．园林植物生态功能研究与应用 [M]．南京：东南大学出版社有限公司，2020.

三、植物的抗盐性

（一）植物对盐渍环境的适应机理

不同的植物对盐分的反应有所不同，根据植物对盐分的反应将植物分类，可以分为盐生植物和淡生植物两大类型，通常盐生植物拥有完善的耐盐系统，具备较高的抗盐能力，可以在高盐含量的环境下正常生长和发育，而淡生植物并不具备耐盐调节系统，遇到高盐的土壤环境会出现不良反应，甚至受到严重损伤。植物耐盐的机理大体有以下六种，简要介绍如下。

1. 拒盐

拒盐是指某些植物不让外界的盐分进入体内，从而避免盐分的胁迫。例如，不同品种大麦生长在同一浓度的盐溶液中，抗盐品种积累的 Na^+ 与 Cl^- 明显低于不抗盐品种。

2. 排盐

排盐也称泌盐，指植物将吸收的盐分主动分泌到茎叶的表面，而后被雨水冲刷掉，防止过多盐分在体内的积累。盐生植物排盐主要通过盐腺 [salt glands，图 7-11（a）] 和盐囊泡 [salt bladders，图 7-11（b）] 把盐排出体外。例如，滨藜属植物具有由一个囊泡组成的盐腺。柽柳、大米草等常在茎、叶表面形成一些 $NaCl$、Na_2SO_4 的结晶。

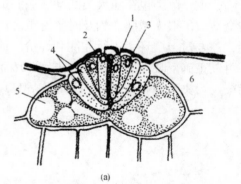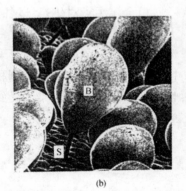

(a)   (b)

图 7-11 泌盐植物二色补血草（Limonium bicolor）盐腺结构（a）和滨藜（Atriplex spongiosa）盐囊泡（b）

1—分泌孔；2—分泌细胞；3—毗邻细胞；4—杯状细胞；5—收集细胞；6—表皮细胞；B. 气球状囊泡细胞；S. 柄细胞

3. 稀盐

稀盐是指某些盐生植物将吸收到体内的大量盐分，以不同的方式稀释到对植物不会产生毒害的水平。植物稀盐有两种方式：一种方式是通过细胞大量吸水将盐分稀释，或者是增加肉质化程度来提高细胞含水量；另一种方式是利用植物细胞的区域化功能，将盐分都集中于液泡，以确保植物的吸水速率。

4. 渗透调节

在盐分的胁迫条件下，植物细胞会大量吸收水分，积累有机物质和无机溶质，从而使细胞内外达到平衡的状态，此种机理称为渗透调节，外部的溶液向细胞内运输，以平衡细胞内的渗透压。渗透调节实际上就是植物细胞积累渗透物质，渗透物质分为有机物质和无机离子，其中，有机物质积累的重要性要高于无机离子。试验表明，在许多植物中，脯氨酸和甘氨酸甜菜碱是重要的有机渗透物质。一些无机离子虽然也可以作为渗透物质，但它们的积累量不能太多，否则会产生毒害作用。通常，只有一些典型的盐生植物能利用无机离子作为渗透物质而不受毒害。

5. 避盐作用

盐生植物在种子萌芽时期不耐盐，或者是耐盐能力较弱。表土盐分被雨水稀释，或是被雨水淋溶到下层土壤后，种子才开始萌发，此阶段也称为避盐时期。盐生植物具有独特的生物学特征，能够避开高盐分含量的阶段，正常地生长。盐生植物通过提前发育、延迟成熟等方式避开高盐阶段，红树就是具有代表性的避盐植物。除此之外，有些植物的根部相对较长，直接生长至下层土壤。深层土壤的盐分含量低，上层土壤的盐分含量高，因此，根部长的植物可以很好地避开高盐土壤，并在深层土壤中吸收大量水分，顺利完成自身的生长和发育。比如，碱蓬和滨藜，根部毛须向下生长至5米；骆驼刺的根入土深度达到20米左右。根部很长的植物都能够避开高盐分的土壤，躲避盐分的侵害。

6. 耐盐

植物通过调节自身的代谢系统来适应高盐环境，此种适应方式叫作耐盐。一些植物的根部较短，无法避开高盐土壤，并且不具备避盐条件，但植物体内含有高盐成分时，也不会受到危害，这就是植物耐盐能力发挥的体现。例如，盐角草和碱蓬等就是典型的耐盐植物，它们的细胞内盐分含量高，不仅不会受到盐分的危害，还会得到有利的生长，最大的特性就是对高浓度盐分的耐受。

（二）植物抗盐的分子机制及信号转导

人们对植物体内盐胁迫信号转导途径的研究主要集中在渗透胁迫信号转导途径和有关离子胁迫的盐过敏感调控（salt overly sensitive，SOS）途径两个方面。其中渗透胁迫信号转导途径又包括依赖 ABA 介导的信号转导和不依赖 ABA 介导的信号转导两类（图 7-12）。

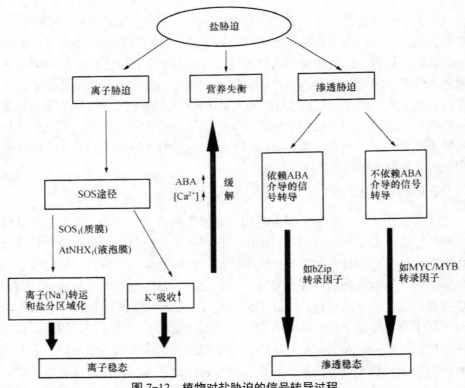

图 7-12　植物对盐胁迫的信号转导过程

SOS 信号系统是指调控细胞内外离子均衡的信号转导途径，盐胁迫下介导细胞内 Na^+ 的外排及向液泡内的区域化分布，调节离子稳态和提高耐盐性。Na^+ 通过 *SOS*1 Na^+-H^+ 的反向运输体穿过质膜外排，在高 NaCl 情况下，*SOS*1 被激活，并且通过 Ca^{2+} 信号转导的 *SOS* 途径介导。

目前已鉴定了 5 个耐盐基因，即 *SOS*1、*SOS*2、*SOS*3、*SOS*4 和 *SOS*5。*SOS*1、*SOS*2 和 *SOS*3 参与介导盐胁迫下植物细胞内离子稳态的信号转导途径，揭示了盐胁迫下细胞内 Na^+ 的外排和 Na^+ 向液泡内的区域化分布以及细胞对

K^+吸收的改善。SOS1 基因编码质膜 Na^+/H^+ 逆向转运因子；SOS2 基因编码丝氨酸/苏氨酸蛋白激酶；SOS3 基因编码钙结合蛋白。

在根中，SOS 蛋白除了具有维持 Na^+ 平衡功能外，还具有新的作用，如 SOS 蛋白在细胞骨架动力学中起作用。在轻度盐胁迫环境下，SOS3 基因通过生长素梯度和最大值，对植物侧根发育起着重要的作用（图 7-13）。

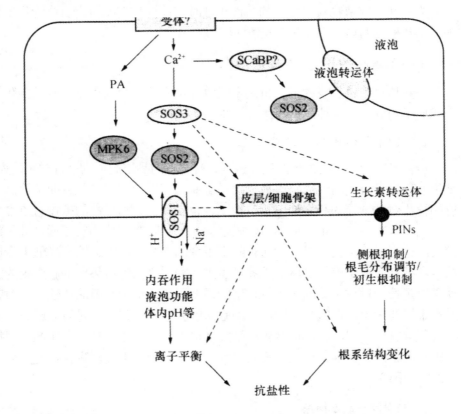

图 7-13 根皮层/表皮细胞中的 SOS 信号在维持离子平衡、调节多种细胞过程及侧根发育中的作用

PINs. 生长素转运体；MPKs. 有丝分裂原活性蛋白激酶；PA. 磷脂酸

四、植物的抗金属污染性

研究表明，植物在长期的生长和进化过程中会对重金属产生一定的抗性。若土壤被重金属污染，则植物的生长便会受到不良影响，甚至无法生存，然而，人们发现部分植物在重金属污染的环境下也能够正常生长，而且一些植物体内还能够积累重金属含量。对于植物的生长而言，重金属的确是不利因素，

不利于植物的生长和发育，但一些植物仍然能够适应重金属含量的土壤环境，由此，不同的植物对重金属的耐性也有所差异，植物对重金属的积累在品种间也体现出差异性。

植物在含重金属的土壤环境中生长时会产生一定的抗性，抗性的产生主要通过两种途径，即避性和耐性，两条途径通常统一作用于植物上。因此，研究人员在研究植物对重金属的抗性机理时，前提是需要研究植物的生理机理，以及植物的作用方式和生长条件等。

（一）避性

一些植物通过自身的调节机制不吸收环境中的重金属离子，从而预防重金属离子的危害，这种方式被称为避性。

1. 限制重金属离子跨膜吸收

植物专家为了研究植物的避性机理，曾对不同品质的植物进行对比研究，结果发现，具有高耐性的一些植物对重金属的积累速率非常低，而部分高敏感的植物对重金属的积累速率相对较高，也就是说，高耐性的植物对重金属离子的吸收也不高，重金属离子跨膜运输受到了限制。植物能够通过某种外部机制达到保护自己的目的，通过阻止重金属向细胞质中运输来降低重金属浓度。细胞质膜是植物机体与外界环境进行物质交换的桥梁，细胞质膜的透性是决定植物对重金属离子吸收程度的重要因素，细胞质膜的透性大，植物对重金属的积累速率就高，相反，细胞质膜的透性小，植物对重金属离子的吸收程度就低，因此，在重金属污染的环境下，不同植物对重金属产生的抗性也有所不同，其中，细胞质膜的透性大小是植物对重金属吸收程度产生差异性的原因之一。

2. 与体外分泌物络合

植物在遇到重金属污染的情况下会分泌一些物质，这些物质能够与重金属离子产生络合反应，从而明显降低重金属离子的含量，因此，这些分泌物质具有保护植物不受毒素侵害的作用。通过报道可知，一些高等植物的根系也会分泌出能够与重金属离子发生络合反应的物质，重金属离子被转化成其他不具有毒性的物质，确保植物能够正常生长和发育。除此之外，藻类植物对重金属也具有抗性，抗性机理体现在藻细胞的分泌物能够吸收积累重金属离子，而且藻细胞的外壁厚且粗糙，能够降低重金属离子的浓度。Mench 等研究人员对植物分泌物做了进一步研究和讨论，不仅计算出 Cd 与分泌物的络合稳定常数，还计算出 Cd 与分泌物之间的最大吸附量，从而表明了 Cd 能够和分泌物形成配位化合物。

由于不同植物的生理机能存在差异，因而不同植物的根际效应也不同。Mench 等研究人员针对不同植物对 Cd 吸收程度进行分析，得出烟草对 Cd 的吸收量大于玉米，这一点与植物根系分泌物对 Cd 活化能力的大小相符。在重金属的环境下，植物的根系能够分泌特定的物质，具有特定物质的品种属于抗性品种，人们可以根据这一点来筛选抗性品种，从而培育出耐性很高的植物，或者是通过对植物分泌物的提取，以降低土壤中的重金属含量。

（二）耐性

耐性是某些植物所具备的特性之一，也是植物体内的生理保护机制，植物因具有耐性能够在含重金属环境中生存，研究人员指出，植物的耐性产生主要通过两条基本途径，即金属排斥和金属积累，金属排斥体现在两个方面：一方面是植物吸收重金属离子之后又将其排出体外；另一方面是重金属离子在植物体内的运输受到阻碍。金属积累指的是部分植物能够将重金属离子留存于体内，但重金属离子不会对植物产生毒性，植物可以通过自身的防御机制降低重金属离子的浓度，从而消灭重金属离子的生物活性。

植物修复以植物忍耐和超量积累某些重金属污染物为理论基础，利用植物及其共存微生物体系来实现对重金属污染环境的净化，包括植物萃取、植物钝化、植物挥发、植物过滤和根系过滤等方面。目前对植物修复的研究集中在超积累植物的筛选及提高植物修复效率的技术上。蒋先军等在研究中提出了提高植物修复能力的两个途径：改进植物性能和农艺措施调控，即通过提高植物地上部的生物量、改善植物根际状况（表面形态、表面积、微生物群落、根际分泌物等）、采用络合剂、适当施肥、作物轮作等促进植物对金属的吸收和积累，并指出寻找并栽培更多的野生超积累植物是重金属污染修复的重要方向之一。

第五节　植物抗性及其在环境保护中的应用

一、环境污染对植物的影响

现代化和工业化进程对大气的污染越来越严重，这些有毒有害气体不仅对人的健康产生重大的影响，对植物的生长发育也会产生一些不可逆的影响。

大气中的污染物主要有以下五种类型。

（一）二氧化硫（SO_2）

二氧化硫（SO_2）主要是由含硫化石燃料和含硫化合物的燃烧导致的。当空气中二氧化硫含量增至 0.002% 甚至为 0.001% 时，便会对植物产生严重的危害，而且空气中的二氧化硫含量越高，对植物的危害作用越大，甚至会直接导致植株的死亡。二氧化硫对植物的伤害过程主要是：从气孔及水孔浸入叶部组织，使细胞叶绿体受到破坏，组织脱水并坏死。其表现症状为在叶脉间发生许多褐色斑点，受害严重时，叶脉会变为黄褐色或白色。

（二）氨（NH_3）

在保护地中大量施用有机肥或无机肥常会产生氨，土壤中氨维持在一定浓度时能够促进植物的生长发育，因为氨在一定条件下能够转化为植物可以利用的硝酸盐和亚硝酸盐，进而合成植物完成生命活动所需的蛋白质。但是当氨含量过多时，对园林植物反而有害。当空气中氨含量达到 0.1% ~ 0.6% 时就可发生叶缘烧伤现象；含量达到 0.7% 时，质壁分离现象减弱；含量若达到 4%，经过 24h，植株即中毒死亡。施用尿素后也会产生氨，为了防止氨害的发生，最好在施氨肥后盖土或浇水。

（三）氯气（Cl_2）

空气中的氯气对植物的伤害要远远大于二氧化硫，当空气中的氯气维持在较小的浓度时就能很快破坏叶绿素，最终会使叶片褐色漂白脱落。氯气对植物的伤害初期，伤斑主要分布在叶脉间，呈不规则点或块状。受害组织与健康组织之间没有明显的界限，所以很难将受害组织直接除去，这也是氯气对植物的伤害与二氧化硫对植物伤害的较大差异之处。

（四）氟化氢（HF）

空气中的污染物——氟化氢主要来源于炼铝厂、磷肥厂及搪瓷厂等厂矿地区，是氟化物中毒性最强、排放量最大的一种。氟化氢对植物的危害首先表现在危害植株的幼芽和幼叶，先使叶尖和叶缘出现淡褐色至暗褐色的病斑，而且这种病态会逐渐向内扩散，并最终会使整株植物出现萎蔫的现象。氟化氢还能导致植株矮化、早期落叶、落花及不结实。

（五）烟尘

空气中的污染物——烟尘对园林植物的危害属于间接危害，其一般通过堵塞植物的气孔，覆盖在叶面，进而抑制植物的光合作用、呼吸作用和蒸腾作用而对植物的生长发育产生影响。对于烟尘的影响，在实际的园林植物栽培与养护管理过程中，可以采取用水浇灌植物的方法予以解决。

　　总结而言，各种有害气体对植物的危害程度受到很多因素的影响，例如，会受到植物种类、环境因子、生长发育时期等多重因素的影响。一般而言，在晴天、中午、温度高、光线强的条件下，有害气体对植物的危害要强于阴天和早晚的条件下；空气湿度达到 75% 以上时，叶片气孔张开，对于有害气体的吸收量大，会造成园林植物严重受害。生长旺季和花期的园林植物抵抗力稍弱，有害气体对植株的影响要比平时更加严重。另外，植物离有毒气体及烟尘源的距离、风向、风速的不同，对园林植物的危害也存在着明显的差异。

二、植物抗性在环境保护中的应用

　　植物种类繁多，有些植物对各种污染物非常敏感，而有些植物又对污染具有很强的抵抗能力。植物的这些特性都可以用于保护环境和治理污染。

（一）作为环境污染的指示植物

　　一些植物对某一污染物质极为敏感，当环境污染物质稍有积累，便会呈现明显症状，因此人们利用这种"信号"来分析鉴别环境污染的状况，这种方法简便易行，便于推广。常用的指示植物见表 7-1。

表 7-1　对有毒污染物敏感的几种常见的指示植物

污染物	指示植物	污染物	指示植物
SO_2	紫花苜蓿、棉花、核桃、大麦、芝麻、落叶松、雪松、马尾松、枫柏、杜仲、地衣	PAN	牵牛、菜豆、苜蓿、莴苣、芹菜、大理花
HF	唐菖蒲、玉米、郁金香、桃、雪松、杏、落叶杜鹃、李	NO_2	番茄、大豆、莴苣、向日葵、杜鹃
O_3	烟草、苜蓿、大麦、菜豆、花生、白杨、三裂悬钩子、矮牵牛	Cl_2、HCl	萝卜、复叶槭、落叶松、油松、菠萝、桃
As	水葫芦	Hg	女贞、柳

　　注：PAN：过氧化乙酰硝酸酯。

（二）吸收和分解污染物

1. 吸收污染物

　　植物可以吸收环境中的污染物。例如，地衣、垂柳、臭椿、山楂、板栗、夹竹桃、丁香等吸收 SO_2 的能力较强；垂柳、拐枣、油菜具有较大的吸收氟化物的能力，体内含氟量很高，但生长正常。

大气污染除有毒气体以外，粉尘也是主要污染物之一。每年全球达 $1\sim3.7\times10^6$ 吨。工厂排放烟尘，除了碳粒外，还有 Hg、Cd 等金属粉尘。植物叶面有皱纹粗糙或分泌油脂，可吸附或粘着粉尘。

水生植物中的水葫芦、浮萍、金鱼藻、黑藻等在吸收水中的酚和氰化物的作用，也可吸收 Hg、Pb、Cd、As。不过，对已积累金属污染物的水生植物，一定要慎重处理，不要再用作药用、禽畜饲料和田间绿肥，以免引起污染物搬家，从而影响人、畜健康。

2. 分解污染物

污染物被植物吸收后，有的分解为营养物质，有的形成络合物而降低毒性，所以，植物具有解毒作用。

酚进入植物体后，大部分参加糖代谢，和糖结合成酚糖苷，对植物无毒，贮存于细胞内；另一小部分呈游离酚，则会被多酚氧化酶和过氧化酶氧化分解，变成 CO_2、水和其他无毒化合物，解除其毒性。生产上也证明，植物吸酚后，5~7d 即全部分解掉。

氰化物在植物体内能分解转变为营养物质。试验证明，^{14}CN 进入小麦植株后，首先与丝氨酸结合成腈丙氨酸，然后又逐步转化成天冬酰胺和天冬氨酸，参与正常的氮素代谢，仅有很少一部分氰化物以无机氰和有机氰形态存在。基于上述的特性，在工厂附近要种植相适应的抗性强的植物（最好又是吸收污染物能力强的植物），这样既能绿化环境，又能减少大气污染，对人类和农业生产都有好处。

第八章　利用植物生理原理的创新应用技术

植物生理学是一门基础性课程。植物生理学专业的学生与研究人员必须掌握其中的知识要点，才能打好专业基础，从而实现对该项技术的创新应用。植物生理课程作为农科专业的重要课程，必须要结合时代的背景和社会的实际情况，进行创新应用。

第一节　植物生理传感器的设计与应用

我国自古以来就是农业大国，农业发展历来被国家的发展与规划所关注。农业被视为国家固本安民的基础产业，是经济发展的重要支柱。近几年，我国政府已经明确指出，农业是国民经济的基础，中国要实现现代化，就必须依靠农业的发展。在科技不断进步的当今社会，智慧农业、数字农业、精准农业等新理念的不断涌现，为农业的发展提供了新的思路，使农业进入了精准智能化、数字信息化的新阶段。现代技术辅助农业发展的主要思想是利用现代科技，收集农作物生长数据，并对这些数据进行分析和判断，从而达到增产的目的。

目前，应用传感器技术的农业领域主要包括畜牧、水产、气体土壤、大气环境和植物生理等。这些领域中，空气传感器的应用最为常见。使用空气传感器，通过收集数据，可以对农作物进行人工调控，但是，由于缺乏对农作物生长的宏观调控，工作人员很难将农作物的生长状态调整到最佳状态。针对当前我国农业发展过程中存在的问题，围绕农业物联网感知与获取信息等核心智能技术，探索有效解决相关农业发展问题的现实路径，成为设计与应用植物生理传感器的核心与关键步骤。为了摆脱农业生产传统模式的束缚，要利用生物传感器监测农作物的各项生理指标，并结合其他类型传感器收集到的信息，开展综合分析，从而为农业发展提供科学的、信息化、精准化、智能化的综合现代管理服务。

利用生物传感器与其他农用感应器的有机结合，可以动态监测植物生长环境中的光照、温度、湿度、氧气、径流量、植物荷尔蒙等生存状态指标，并对各种生物信号进行综合分析，建立起相对完整的生物动态系统，从而为农作物的健康生长提供科学依据，确保精准农业、数字农业和智能农业都能真正走上现代化发展道路。

一、植物外部形态特征传感器

（一）叶片面积测量传感器

叶片作为植物的重要营养器官，在整个植株的生长发育过程中发挥着举足轻重的作用。叶片的发育状况将对植物直接的太阳能利用率产生一定的影响。所以，在植株的外形特性方面，叶片是非常关键的衡量指标。

目前，使用激光感测器测定叶片各项性能的手段日益增多。该系统能扫描植株冠、叶的构造，从而实现对叶片信息的实时采集。因而，无论是在实验室还是在现场都能得到测试结果。Garrido 等利用在三维立体显示技术及虚拟工厂方面的工作经验，以三维数据资料为基础，建立了植物的生长规则模型，并借此测出了叶片面积。

（二）果径测量传感器

温度、湿度、光照等对农作物生长具有重要的作用。借助果实尺寸的测量数据，可以观察到农作物的生长发育状态。通过测量果实的尺寸数量，可以监控农作物的含水量，从而实现自动化灌溉。因此，精确地测定果实直径非常必要。

目前，常用的测量果实直径的方法主要有直线形的位移计和游标卡尺，但是，这些办法都无法精确、持续地测定果实的尺寸。曾庆兵等学者利用计算机技术对葡萄的果实直径进行无接触交叠研究，在特定条件下，持续、精确地测定葡萄的果实直径，从而为分析葡萄的生长模式提供了有力的数据支撑。

（三）茎秆测量传感器

研究者通常以粗度为基准测量植株的茎秆，也有少数研究者借助茎秆测量传感器测定植株的高度。植物茎秆的接触检测主要依赖位移传感器，LVDT 直线位移计是最常见的位移传感器，其工作原理和直径测量法类似。乔晓军等学者研究出了新的电容式位移传感器，该传感器采用电场隔离技术，通过分析植物茎秆，以确定因位移而产生的电容改变数值，从而将测量精准度控制在 0.5 微米以内。该技术是对传统位移传感器测试理论的修正，并进一步改善了传统茎秆测量传感器的检测精度。

利用背光灯进行电脑视觉探测，有助于工作人员高效处理茎秆影像，从而获得茎粗，并且能够确保测量准确度维持在微米量级。李长缨等学者于2003 年运用电脑视觉技术，成功地采集到了叶片的投影区域及株高，此种方法具有较高的扩展度，但是光线分布不均会对叶片成像造成严重干扰，从而容易导致影像的错误分割。2011 年，学者王震使用机械式传输设备 CCD Charge Couple Device 的成像传感器，探测到随着植株的生长叶片发生的变化，最后由输出机的运动高度获得植株的生长高度。对植株高度的实时追踪，可以动态地、非破坏性地监控植株。目前，国内外已有学者对可视化探测的无线通信技术进行了探索，以期克服传统的野外接线方式的弊端，并实现对传感器进行远距离数据收集的目标。

二、植物内部生理状态传感器

（一）径流速度测量传感器

目前，利用热泵技术检测植物径流量的方法主要有热变形法、热扩散法、热均衡法等。使用这些方法时，传感器仅加热热源探测器上层的管柱，并利用上下排列的管柱温度差值确定径流速度。

（二）植物激素类传感器

植物激素是调控外界环境的指示剂，能够调控植株的生长发育过程，调控植株的各种生长行为，如胚芽与器官的成形、生物防御、胁迫耐受及植株发育等。电化学法具有灵敏度高、准确度高、测量范围广、设备简单便宜等优点，已被广泛应用于对样品的检测和分析。目前，电化学法中最常见的检测方式有电化学阻抗谱、差分脉冲、周期电压等。

（三）葡萄糖等小分子传感器

由于葡萄糖主要以组织液为存活环境，并且具有高度特异性，因此葡萄糖的测定难度较高。传统的测定植物中葡萄糖等小分子含量的方法是通过葡萄糖氧化酶使葡萄糖氧化产生双氧水，然后在辣根酸过氧化物酶的作用下产生有色物质。此种方法最大的缺陷在于由此产生的致癌性成分会对周围的环境造成严重的影响。因此，借助传感器测定植物中葡萄糖等小分子含量，已经成为植物内部生理状态传感器的具体应用形式。

第二节 激光植物生理效应及其在植物工厂中的应用

一、LD 照射的设施植物生理学效应分析

近年来，有关光质的研究多以植株的生长发育、产量、质量等为研究对象，各种研究为探索光质在植物生长过程中的应用提供了理论依据。与发光二极管的光生理特性相比，LD 在农作物中的应用还比较少见。LD 光源具有显著的生物作用，能从多种方面促进农作物形态的稳固，增加生物含量，改善植株质量，增强农作物的抗逆能力。在植株培育的过程中，LD 光源对植株矮化、单株鲜重、增加叶片数和减少花器数目有显著的作用。近年来，国内外有关植物光合作用的研究主要集中在生菜、菠菜等蔬菜和辣椒、番茄等果实型蔬菜上。相关研究结果表明，LD 对植株生长和农作物产量的累积具有一定的促进作用。日本学者 Murase 等利用 LD 红、绿、蓝发光材料对萝卜的萌芽情况进行研究，发现 LD 能与日光灯一样促进萝卜植株的生长，由此说明 LD 在植物生长过程中的推广前景。赵定杰等学者利用 LD 植株生长灯对辣椒植株进行连续 24 天的补光照，结果表明，LD 补光照能防止辣椒植株矮化，提高辣椒植株茎秆的粗度，缩短辣椒植株的生育期，使得现蕾期、始收期的辣椒植株鲜重、干重及苗期的叶片数量增加显著，每亩增产高达 19%。由此可知，采用红光和蓝光比例为 8：1 的 LD 光源在冬暖期对黄瓜幼苗进行增光处理，能够显著提高黄瓜的产量，并较好地抑制黄瓜植株的病虫害倾向。徐炜贤学者介绍了 LD 灯在日本工厂引进的最新情况。结果表明，680nm 的红色 LD 光源与蓝色 LD 光源配合使用效果最佳。在育苗期间，如果将只有 5 至 6 个

叶片的幼株移植到田间，一年之内配合使用五次 LD 光源照射，实际上可以节省 90% 以上普通灯光消耗的能源。还有学者采用红光和蓝光比例为 7 ： 3 的 LD 光源在冬暖期对草莓植株进行增光处理。结果显示，在 30 天内坚持每日 12 小时 LD 增光处理的情况下，草莓株高、茎粗、叶面积和重量均表现出较大幅度增加，果肉的坚硬程度有所下降，说明 LD 光照对提高草莓产量有一定的促进作用。由此可见，LD 能促进幼苗发育，提高植株产量，促进果实着色，是今后辅助园林植株生长的重要手段。此外，有学者对草莓植株做了红光和蓝光比例为 7 ： 3 的 LD 补光剂实验。实验结果显示，在 LD 光源的照射下，草莓植株内的可溶性糖与氨基酸比明显增加，在某种程度上优化了果实的口感与味道，提升了果实的品质。学者 Takatsuji 等以自然生菜为例，研究了 LD 光源影响植株的情况，结果表明，红光和蓝光比例为 10 ： 1 的 LD 光照最适合生菜的生长，而生菜在 660nm 和 680nm 的激光照射下，生长状态并不相同。实验结果表明，660nm 激光的发光效率优于 680nm 激光的发光效率，而 LD 光照则能显著提高生菜叶片中的葡萄糖苷和维生素 C 含量。

　　研究 LD 光源对农作物的影响原理，有利于学者从 LD 光源诱导植株光合作用的机理出发，探究花色素、光敏色素、叶绿素、向光素、藻胆素等光合作用色素吸收光谱的效果。630nm 的 LD 光源是近于植株吸收光照的光源峰值，该波长光源能够诱发植株体内相应的酶的活化反应，从而改变植株的热能量熵，促进植株的生长代谢。

　　学者 Paleg 等首先对 3mW、632.8nm 波长的连续氦激光处理生菜的效果进行研究，结果发现，采用 0.01~0.15 mW/cm^2 的红光对生菜植株的萌芽与生长有明显的影响。为了显示对比效果，Paleg 等将牵牛花和大麦的种子置于户外，在 60~170 ft 处观测植株体内光敏色素的活化效果，并通过调整光源的波长，探究不同光源对植株昼夜节律的影响情况，由此获得光源对牵牛花和大麦生长周期的实际作用效果。这项实验的研究结果显示，在光敏性色素细胞中，激光能够激活植株体内的红光受体，并且首次揭示了不同农作物对光敏性色素活化所需要的能源存在着明显差别的事实，从而证实了激光对植株生长发育的促进作用，为调节花卉的开花期奠定了基础。光敏性的色素分子受到红光和远红光的控制，可以表现出不同的生长效果。phyA 是远红光向人体转化为生物时钟的重要光受体，能够对黄化植株的生长发育起到一定的促进作用，并能与 phyB 发挥协同作用，促进植株开花，从而影响植株的开花结果情况。

二、植物工厂及其应用

日本学者首次提出的"植物工厂"概念，是指利用设备内部的高精密环境调控，维持农作物持续生产效果的农业生产体系，此体系是利用电脑与电子传感器自动化调控农作物生长中的温度、光照、湿度、一氧化碳浓度及营养成分等，从而达到节约能源的目的。

植物工厂是农业现代化发展的先进代表。植物工厂可以将农业从天然的生态约束状态下解放出来。目前，植物工厂已经成为我国最具生命活力和发展潜能的农业龙头化发展标杆，在某种程度上预示了我国农业今后的发展趋势。

（一）植物工厂的关键技术

1. 环境管理

植物工厂应用一系列的物理技术（如高压静电、紫外线、磁化等）进行灭菌工作，来提供一个相对洁净的栽培空间。植物工厂以发光二极管（light-emitting diode，LED）节能植物生长灯为光源，应用最先进的物联网技术，采用制冷－加热双向调温控湿、光照－二氧化碳偶联调控，营养液在线检测与控制等相互关联的控制子系统等，实现对植物生长的环境要素（温度、湿度，光照，CO_2 浓度等）和营养液要素（电导率（electrical conductivity，EC），pH，液温等）的在线实时检测和自动精准高效的智能化管理。在生产前期，可实时分析植物工厂内部环境信息，从而选择更适宜种植的品种；在生产阶段，可根据植物工厂内光照，温度等信息自动调控遮阳网开闭时间，加温系统等；收获产品后，利用物联网技术，采集不同阶段植物的表现和环境因子的信息，分析并反馈到下一轮生产中，以便更精准地管理，获得更优质的产品。

2. 光源管理

植物工厂与人工光技术的发展之间存在密切的关系。"植物工厂"主要由人工光源发展而来。了解植物光合作用的现实效果，是大棚最初引进人工照明设备的初衷。在 380nm 至 735nm 太阳可见光的照射下，植株可以正常生长。虽然日光与人工光源的光谱形态存在差异，但是二者的作用原理基本一致。利用人工光源代替太阳光，可以实现植株的室内栽培。目前，包括 HID 灯和日光灯等光源形式在内的人工照明技术，在大棚中已经实现了广泛应用，而人工照明与自然光照的差别在于人工照明可以提高能源利用率，从而降低农作物的培育成本。但是，人工照明技术在农作物光合作用中的应用通常无法调控农作物的光合作用特性，使得人工照明对能源利用率的影响微乎其微。

对人工光植物工厂而言，人工光源的电能消耗约占植物工厂总体能耗的80%。因此，节能光源技术一直是植物工厂研究的重点。20世纪90年代初期，蓝色发光的LED芯片制造技术实现量产，LED照明技术得到迅猛的发展。LED人工光源可按植物生长发育需求调制光谱，可精准调控光强，光质和光周期。对于植物而言，太阳光是全波段的，包括红、橙、黄、绿、青、蓝、紫光，然而根据实验数据显示，植物吸收的光线波段主要是红光和蓝光，比例超过60%。LED人工光源可按照红光和蓝光适当比例配制光源，以满足植物的生长需求。另外，还可以根据用途不同，专门配置育苗、栽培及成花等不同类型的LED光源。LED人工光源的出现突破了植物工厂发展的技术瓶颈，不仅优化了植物的光能利用率，还大幅度降低了植物工厂的照明能耗，降低了植物工厂的运行成本。

3. 营养液管理

在植物工厂里，植物的栽培方式不同于传统的露天栽培，主要是营养液栽培。在营养液循环使用的过程中，会滋生很多细菌，不仅影响植物的品质和产量，也造成了营养液的浪费。因此，营养液消毒是植物工厂中的关键环节。通常采用紫外线杀菌器对营养液灭菌，当水泵启动后，营养液流经紫外线杀菌器时，紫外线将营养液中的菌类瞬间杀灭。紫外线灭菌具有快捷、高效、环保、成本低的特点，是营养液杀菌最有效的方式。营养液循环再利用设备可对营养液温度、pH、EC及溶氧度进行监控和调节，如在环境温度较低时，系统会对营养液进行加热，提高液温，有助于植物根系的吸收。同时，智能循环设备还根据植物的不同发育阶段，配有专门的阶段营养液，来满足不同发育阶段植物对养分的需求，从而促成植物的最佳快速生长。

4. 蔬菜品质管理

人体摄入的硝酸盐主要来源于蔬菜，而硝酸盐进入人体后，可转化成亚硝酸盐，导致高血红蛋白症的发生或形成强致癌物亚硝胺，对人体健康构成潜在的危害。此外，人体所需的维生素90%来自蔬菜和水果。通过技术调节，减少果蔬植株叶片中氮元素的含量，可以有效提升蔬菜和水果的营养价值。

目前，减少植物生产过程中硝态氮的排出的途径主要包括脱氮和持续光照两种。脱氮是指在采收初期用无氮营养液、清水或含有一定浓度渗透离子的水代替营养液，维持数日后，可使叶菜叶片中的氮元素含量明显降低，提高了叶菜的营养品质。采前连续光照处理技术是指在采收前连续光照处理2~5 d，使硝酸盐含量显著降低，维生素C和可溶性糖含量提高，从而使叶菜的营养品质大幅提高。

（二）植物工厂的应用

近年来，通过植物工厂的功能拓展，植物工厂将会延伸到现代城市生活的每一个角落，真正实现植物工厂的无所不在。植物工厂的主要应用包括：

第一，家庭型植物工厂，不仅可以为市居民提供绿色的自然空间和体验种植的乐趣，还可以获得洁净安全的农产品；

第二，医院植物工厂通过绿色健康植物为病人康复提供辅助治疗；

第三，餐厅、超市植物工厂为顾客提供了新鲜的蔬菜，大大提升了餐饮、购物的趣味性；

第四，在商场、商务会客厅、学校等场所建立植物工厂，可以为城市居民提供轻松的自然环境，为中小学生提供科普教育的基地。

植物工厂技术的应用正在不断地融入城市生活，从而为都市人的绿色需求提供更加可靠的保障。[①]

三、激光植物工厂的可能性

植物工厂利用精密的环境调控技术，借助电脑自动调控植株在种植过程中的温度、湿度、光照、二氧化碳浓度、养分等，近几年逐渐发展出两种类型：一种是以日光与人造光源结合为主形成的混合式植物工厂；另一种是以完全封闭的人工光源为主形成的封闭工厂。相对于太阳光与人造光源并用的植物工厂，封闭的植物厂房在光照条件相同的情况下表现出显著的优越性，但是，采用人造光源模式的植物工厂耗电量相对较高。所以，封闭厂房的发展主要集中在减少能源消耗和灯光成本两个方面。

如何选用高效的人造光源，是目前植物工厂在发展过程中面临的主要问题。当前，在植物工厂中使用的人造光源以高电压钠灯和日光灯为主，而两种灯的散热量比较大，导致冷却成本提高。然而，在光合生理学的研究中，常规的人造光源很难调节灯的光谱成分和亮度。为此，许多研究者都在探讨利用 LED 及 LD 等人造光源探索解决该问题的现实路径。LED 光电转换效率高、使用直流电、节能、体积小、使用时间长、波长固定、灯管发热现象比较少见，而且可以调节光线的亮度和质量，极大地改善了植株的生长条件，因而被广泛地运用于封闭的激光植物工厂、组织培育室和航天农场。

通过用 LED 进行植物栽培，科研人员发现高功率激光器可用于植物栽培。

① 王云生，蔡永萍．植物生理学（3 版）[M]．北京：中国农业大学出版社，2018.

与灯光源和 LED 光源相比，LD 作为植物栽培用光源具有如下优点：

第一，与灯光源相比，具有这些优点：光源小（小型轻便）；驱动电源小（低电压驱动）；可接近照射（热辐射极小）；有可能进行短脉冲照射（直接调制：CW ~ns）→可降低照射功率；寿命长（劣化少）；冷却装置小（只有散热器）；对植物没有不必要的波长成分（高效光激励光质）；可任选照射波长。

第二，与 LED 光源相比，具有这些优点：照射功率高（输出功率为：5~-500mW，阵列可达 145kW）；电－光转换效率高（30%-52%）；没有多余的波长（用单波长进行高效光激励）。

第三节　多效唑对植物生理的影响及其在荒漠化领域的应用

多效唑为活性谱非常宽的植物生长阻滞剂，能使植物花茎节间变得短壮。可广泛用于水稻、油菜、玉米、桃、苹果、烟草、花卉等作物上。经过大量的试验，多效唑在水稻培育壮秧上已得到生产性应用，可有效增加产量。有研究人员试图将其应用于荒漠化领域。[①]

一、多效唑对植物生理的影响

多效唑的化学名称是（2RS，3RS）-1-（4－氯苯基）-4, 4-二甲基-2-（1H-1，2，4-三唑－1－基）戊醇-3，分子式为 $C_{15}H_{20}ClN_3O$，分子量为293.5。多效唑的纯品为白色结晶，难溶于水，在水中的溶解度只有 35ppm。易溶于有机溶剂中。如在甲醇中溶解度为 15%，在丙酮中为 11%，在二甲苯中为 6%。贮藏期间稳定性较好，50℃ 以下至少 6 个月内是稳定的。稀溶液在任何 pH 值下均较稳定，对光也较稳定。

（一）多效唑对植物的形态效应

多效唑对多种作物都有抑制纵向伸长和促进横向生长的效应。江苏省农科院曾对禾本科的水稻、玉米、小麦、小米，豆科的大豆、蚕豆、四季豆、绿豆、

① 徐映明；全国农药田间药效试验网，江苏建湖农药厂．植物生长调节剂多效唑应用技术 [M]．北京：中国农业科技出版社，1991.

豌豆，茄科的辣椒、番茄；锦葵科的棉花，十字花科的油菜；石蒜科的水仙花，葫芦科的西瓜、香瓜和菊科的菊花等18种作物进行过试验，都有延缓纵向生长的显著效果。例如，果树中的苹果、桃、柑桔、西洋梨、李、樱桃、杨梅、板栗、山楂、葡萄，薯类作物的马铃薯、甘薯，糖用作物的甘蔗、甜菜，花卉中的一串红、绣球花，药用植物地黄、苦芥、罂粟，绿化用的草皮、大叶黄杨以及许多杂草，如稗草、牛毛草、球花碱草等。因此多效唑是一种广谱的生长延缓剂。

多效唑对各种作物生长抑制的程度不同。并且，对同一种作物多效唑抑制生长的程度随用量的增加而增强。施用多效唑后，一年生作物茎的节间缩短、增粗；叶片长度减少，宽度和厚度增加；分蘖（或分枝）增加；叶片与主茎的夹角减小；总根数增加，且粗而短，分布在浅土层。

多年生的果树应用多效唑，可延缓新梢的生长，促进当年生枝条的侧芽和短枝的发育，使叶片增厚，花芽分化增加，果柄长度缩短、增粗，主根伸长受抑制，而侧根发育增强。

（二）多效唑对植物的生理生化效应

植物的生理生化变化是形态发生改变的基础，所以，使用多效唑后，在形态发生变化之前，必然调节了作物体内的一系列生理生化过程。下面将分不同方面叙述多效唑对作物的生理生化效应。

1. 改变了作物内源激素的水平

施用多效唑后，水稻体内内源赤霉素的含量显著减少。施用外源赤霉素和增施氮肥，可使经多效唑处理的植株高度显著增加，这时体内的赤霉素类物质含量也相应地增高了。

此外，多效唑对植株体内吲哚乙酸的含量有影响。水稻秧田施用多效唑后，在秧苗株高降低的同时，体内吲哚乙酸的含量也显著降低。多效唑的用量越多，下降幅度越大，在油菜上也观察到相似的结果。多效唑处理水稻、油菜植株后，在株高矮化的同时，内源脱落酸含量显著增加。多效唑还可以调节植株的乙烯释放率。多效唑对植株内源细胞分裂素类物质的含量也有影响。

由上可知，多效唑可以使作物体内赤霉素、吲哚乙酸的含量降低，细胞分裂素和脱落酸含量提高，乙烯释放率增加，从而削弱了植株生长的顶端优势（即向顶生长的潜势），使株高变矮、分蘖（或分枝）增加、叶片着生角度变小。这就是说，多效唑是通过调节作物多种内源激素的平衡和交互作用而改变其植株形态的。

2. 增加了核酸、蛋白质和叶绿素的含量

施用多效唑以后，作物体内核酸、蛋白质和叶绿素含量均有所增加。核酸和蛋白质是植物调节生命活动的重要物质，它们含量的增加，说明植株的生命力很旺盛。可见，多效唑不是一种单纯的抑制性物质，它在抑制生长的同时，也具有某些方面的促进作用。例如，无限生长型番茄在其生长过程中一直存在着营养生长与生殖生长之间的矛盾，特别是在水肥充足的情况下，营养生长过剩，枝叶易徒长，养分被大量消耗；且因株型高大，枝叶茂密，通风透光不良，也影响生殖生长，易造成落花落果等不良影响。多效唑处理能抑制营养生长，且使株型紧凑，光合增加，抗逆性提高，因此用多效唑来调节番茄生长，增加产量也是有可能的。[①]

3. 增强了作物的抗逆性

施用多效唑，还提高了作物的抗逆性（抗寒、抗旱和抗病菌等）。早稻育秧中，使用多效唑可以提高秧苗对零度以上低温的抗性，如广陆矮 4 号秧苗，于 1 叶 1 心期亩施 200 克 15% 的多效唑，第二叶片的枯死程度可以减轻 75.0%。增强抗零度以上低温能力的原因之一是减轻了低温对叶片细胞膜的损伤。

水稻、油菜和烟草等作物秧苗期施用多效唑，秧苗移栽后抗植伤能力增强，死苗少，返青活棵快，这是因为施用多效唑可使作物叶片阻抗增加，蒸腾降低。蒸腾强度降低，使作物失水减少，增加了作物抵御干旱的能力。施多效唑的作物抗旱力增强的另一原因是减轻了干旱对细胞膜的伤害。

此外，施用多效唑还能增强作物对气态二氧化硫的耐力。多效唑处理的豌豆植株，受二氧化硫熏蒸，伤害就比不用多效唑处理的豌豆植株有所减轻，而且多效唑的这种效应表现很快。

多效唑还具有一定程度的抑菌作用。可以减轻菌核病危害，使病株率减少。多效唑对多种病原菌丝体均有抑制活性的作用，这些病菌分属于真菌的子囊菌亚门、担子菌亚门和半知菌亚门，说明多效唑抑菌的广谱性，其中对葡萄白腐病、棉花立枯病和水稻纹枯病的抑菌活性比杀菌剂三唑酮还要好。

---

① 程炳嵩. 植物生理与农业研究 [M]. 北京：中国农业科技出版社，1995.

二、多效唑在荒漠化领域的应用展望

土地荒漠化是当今世界面临的最严重的生态问题。土地荒漠化问题严重威胁着人们的生存。土壤沙化将降低农作物的产量，破坏生态平衡和物种多样性，从而导致环境恶化并且加剧地区贫穷。根据联合国环境署的初步估计，全世界 2/3 国家和地区大约 1/4 的土地都面临着土壤沙化的严重威胁，这种威胁将全球近十亿人口置于非常危险的境地。中国是地球人口最多、土地资源紧张、土地荒漠化问题严峻的国家。面对土地荒漠化现象日益加剧的现实考验，我国的生态问题和经济的可持续发展问题正在面临巨大的挑战。近几年的调查结果显示，全国已有 264 万平方公里的土地正在面临荒漠化的严峻考验，这部分土地面积占全国国土面积的 27.5%。在各类荒漠化土壤中，面积最大、危害最严重的土壤荒漠化问题是土壤的沙化。目前，我国共有沙化土壤 183.94 万平方公里，占全部荒漠化土壤面积的 70% 左右。而且，我国荒漠化土壤的面积即将达到 320 万平方公里，如果尚未实施有效的治理措施，则将极易造成荒漠化土壤面积的继续扩大。

在治理土壤荒漠化问题方面，最直接、最有效、经济效益最佳的治理方法是培育防护林和沙漠植物。在绿化工程中，如何通过调控植物的生长节律，增加土壤湿度，调节树种的形态，改善土壤的抗风沙能力，是土壤荒漠化治理急需研究的重要课题。目前，国内外普遍采用一种含有植物内源性荷尔蒙的人造化合物调节植物的生长状态，此种化合物是多效唑，也被称为"植物生长调节因子"。多效唑是一种常见的三唑类植物生长调节剂。

现有对于多效唑作用机理、应用领域及其效益研究的报道很多，但是针对其在荒漠生态系统中沙生植物上的应用鲜有报道。从国内外研究现状来看，多效唑在果树、农业、蔬菜、园艺等多领域的研究已经相当成熟，多效唑的施用使得果树坐花坐果率提升、农产品抗逆性增强、产量提高、园林植物更美观。其具有的增强根系活力、矮化植株、提高植株抗逆性作用效果十分显著。鉴于此，可以考虑将多效唑应用于荒漠化治理中，以改善沙生植物的生长状态。预测多效唑今后在沙生植物上的发展方向如下：

（一）研究对沙生植物空间结构的影响

植物的根、茎、叶、花在施用多效唑后都发生了变化，如植物根系表面积增大，活力增强，提高了对水分、养分的吸收；同时侧根数量的增多使植物固持土壤能力增强，缩短强壮植株茎节，控制了植株营养生长，促进了分枝。多效唑的施用使树体矮化、枝条缩短，改善了通风透光及光照条件。沙生植物在抵御风蚀沙埋中发挥着重要作用，植株的构型特征直接决定着抵御风蚀沙埋的效果，调控株型对于提高沙生植物抗风蚀能力至关重要。植株的构型包括枝系构型和根系构型，枝系的空间结构反映了植株对空间、光等资源的利用，根系决定植物从土壤中吸收利用养分、固持土壤能力的强弱。多效唑在果树、园艺花卉等的应用中，调控了枝系的构型，增加了侧根的数量，若将多效唑应用于沙生植物，则可以达到矮化植株、调控分枝角度、增加根系表面积的效果，从而提升沙生植物的抗风蚀能力。

（二）研究对沙地植物抗逆性的影响

多效唑的施用使得叶片内叶绿素含量增加，光合作用增强，并且多效唑能有效降低叶片气孔导度，增加气孔阻力，使植物体的蒸腾失水降低，提高植物的叶片相对含水量和抗旱性。国内外研究表明，多效唑在抗倒伏、抗寒、抗旱等方面均表现出很大优势。在干旱半干旱地区，植被抗逆性的强弱直接影响其存活能力，研究分析多效唑对沙地植物抗逆性的影响具有重要意义。因此，多效唑在干旱区植物上的应用研究还存在很大的开发潜力。

结束语

植物生理学（plant physiology）是研究植物生命活动规律/揭示自养生物生命现象本质的科学。近年来，植物生理学的研究内容日益深入和扩大，一方面，研究领域从个体、器官、细胞水平深入到分子互作等领域；另一方面，逐步开始探究植物与外界环境的关系，结合环境科学和生态学等学科，拓展到群体、群落、生态系统和生物圈等宏观层次。植物生理学的研究内容可概括为细胞生理、代谢生理、生长发育生理、逆境生理以及植物生理学的分子基础和生产应用。

植物生理学作为理论与实践相结合的重要学科，在促进农业生产与发展方面发挥着重要的作用。目前，许多全球急需解决的农业科学问题，如植物的光合效率与农业生产、农作物的抗逆性、农作物体系内部的竞争能力、激素与植物的生长发育、生物固氮、细胞工程、遗传工程、菌根和土壤微生物、空气污染和病虫害的综合治理等，都属于世界范围内的重大农业科学问题。植物生理学作为解决上述问题的关键学科，在农业现代化的发展进程中占有重要地位。因此，作为高校植物类专业的基础学科，植物生理学正在成为生物学和农学专业的核心授课内容。

撰写此书，作为笔者多年来的教学、科研实践经验积累，以及研究植物生理学相关理论的方法体系，也是一个过程的总结。在撰写过程中，无论是在整体结构的布局上，还是在具体章节内容的安排上，都不追求面面俱到、包罗万象，而是将那些笔者认为比较重要的问题加以论述。在取材上，以植物生理学基本概念、基础理论为主体，适当反映学科的新发展、新动向，并注意到植物生理学理论和技术在实践中的应用。在编写上力求概念准确、条理清楚，深入浅出，便于自学，以求达到科学、准确和实用的目的。

历时弥久，"蚂蚁啃骨头"，今天此书终于完稿，在这一刻，笔者不由想起为这项工作经历的日日夜夜，感受颇为深刻，在理论探究中探索跋涉，总结前人的经验，汲取精粹。提出自己的理论观点，其过程虽然伴随着艰难与痛苦。然而，正是这份执着与坚持，一路走来，不仅让笔者获得了深刻的感悟，思路越来越明晰，艰难与痛苦过后也萌生出一些收获的甘甜。

在此书脱稿付梓之际，笔者感慨万千，充满欣慰与感激。首先，要感谢我校、我院领导及我的同事，他们的关心与帮助给予了笔者巨大的鼓励；其次，还要感谢出版社的有关领导与工作人员，正是有了他们对本书的肯定与辛勤付出，才使本书得以如期顺利出版。

由于时间紧迫，加之笔者水平有限，本书虽然几易其稿，多次修改，但书中仍有不尽如人意之处。笔者期望这本书的实用价值能在教学与实践中得到鉴定与修正，因此，诚恳地希望得到读者和专家、同仁的指教，以便不断地加以修正、完善。

参考文献

[1] 卞勇，杜广华，刘艳平．植物与植物生理（第 2 版）[M]．北京：中国农业大学出版社，2011.

[2] 陈兴业，冶林茂，张硌．土壤水分植物生理与肥料学 [M]．北京：海洋出版社，2010.

[3] 程炳嵩．植物生理与农业研究 [M]．北京：中国农业科技出版社，1995.

[4] 崔爱萍，李永文；林海．植物与植物生理 [M]．武汉：华中科技大学出版社，2012.

[5] 郭振升．植物与植物生理 [M]．重庆：重庆大学出版社，2014.

[6] 郝再彬，徐仲，苍晶，等．植物生理生化 [M]．哈尔滨：哈尔滨出版社，2002.

[7] 何远光．植物的光合作用 [M]．呼和浩特：内蒙古大学出版社，2000.

[8] 贺立静，周述波．植物生理与农业生产应用 [M]．长沙：湖南师范大学出版社，2012.

[9] 贾东坡，冯林剑．植物与植物生理 [M]．重庆：重庆大学出版社，2015.

[10] 李芸．多效唑对杨柴和沙地柏生理生态的影响研究 [D]．北京：中国林业科学研究院，2014.

[11] 刘文科．植物工厂激光二极管照明的生理基础与应用策略 [J]．中国照明电器．2021，（06）：4-6+10.

[12] 刘文英．植物逆境与基因 [M]．北京：北京理工大学出版社，2015.

[13] 毛自朝．植物生理学 [M]．武汉：华中科技大学出版社，2017.

[14] 闻卜．植物与植物生理 [M]．上海：上海交通大学出版社，2007.

[15] 牟海维，朱春辉．植物生理传感器的研究现状与应用展望 [J]．农业与

技术 . 2020，40（13）：31-32.

[16] 邱兆美，张昆，毛鹏军 . 我国植物生理传感器的研究现状 [J]. 农机化研究 . 2013，35（08）：236-240

[17] 圣倩倩，祝遵凌 . 园林植物生态功能研究与应用 [M]. 南京东南大学出版社有限公司，2020.

[18] 王衍安，龚维红 . 植物与植物生理 [M]. 北京：高等教育出版社，2004.

[19] 王玉英 . 激光植物工厂的现状与未来展望 [J]. 光机电信息 . 2005，（01）：8-13.

[20] 王云生，蔡永萍 . 植物生理学（第3版）[M]. 北京：中国农业大学出版社， 2018.

[21] 魏灵玲，杨其长，刘水丽 .LED 在植物工厂中的研究现状与应用前景 [J]. 中国农学通报 . 2007，（11）：408-411.

[22] 徐映明；全国农药田间药效试验网，江苏建湖农药厂 . 植物生长调节剂多效唑应用技术 [M]. 北京：中国农业科技出版社， 1991.

[23] 张金渝，汤日对，梅传生，等 . 多效唑使用技术 [M]. 南京：江苏科学技术出版社， 1992.

[24] 张帅，原伟杰，宋晓敏，等 . 多效唑对植物生理生态的影响及其在荒漠化领域的应用展望 [J]. 温带林业研究 . 2022，5（01）：1-6+11.

[25] 郑先福 . 植物生长调节剂应用技术（第2版）[M]. 北京：中国农业大学出版社， 2013.

[26] 朱春辉 . 植物生理传感器的设计与实现 [D]. 大庆：东北石油大学，2020.

[27] 宗学凤，王三根 . 植物生理研究技术（第2版）[M]. 重庆：西南师范大学出版社， 2021.

[28] 邹秀华，周爱芹 . 植物与植物生理 [M]. 重庆：重庆大学出版社，2014.